# SAINT-PIERRE
# DE ROME

PAR

**MÉRY**

I

PARIS
GABRIEL ROUX ET CASSANET, ÉDITEURS,
24, rue des Grands-Augustins.

1854

# SAINT-PIERRE
# DE ROME

# NOUVEAUTÉS EN VENTE

## LES CONFESSIONS DE MARION DELORME
### PUBLIÉES PAR EUGÈNE DE MIRECOURT,

*Précédées d'un coup d'œil sur le siècle de Louis XIII, par Méry.*

### BALZAC.

| | |
|---|---|
| Le Provincial à Paris. | 2 vol. |
| La Femme de soixante ans. | 3 vol. |
| La Lune de miel. | 2 vol. |
| Petites Misères de la vie conjugale. | 3 vol. |
| Modeste Mignon. | 4 vol. |

### CLÉMENCE ROBERT.

| | |
|---|---|
| Les Mendiants de Paris. | 5 vol. |
| Le Tribunal secret. | 4 vol. |
| Le Pauvre Diable. | 2 vol. |
| Le Roi. | 2 vol. |
| William Shakspeare. | 2 vol. |
| Mandrin. | 4 vol. |
| Le Marquis de Pombal. | 4 vol. |
| La Duchesse d'York. | 4 vol. |
| Les Tombeaux de Saint-Denis. | 2 vol. |
| La Duchesse de Chevreuse. | 2 vol. |

### EMMANUEL GONZALÈS.

| | |
|---|---|
| Mémoires d'un Ange. | 4 vol. |
| Les Frères de la Côte. | 2 vol. |
| Le Livre d'Amour. | 2 vol. |

### HENRY DE KOCK.

| | |
|---|---|
| La Course aux Amours. | 3 vol. |
| Lorettes et Gentilshommes. | 3 vol. |
| Le Roi des Étudiants. | 2 vol. |
| La Reine des Grisettes. | 2 vol. |
| Les Amants de ma Maîtresse. | 2 vol. |
| Berthe l'Amoureuse. | 2 vol. |

### ÉLIE BERTHET.

| | |
|---|---|
| Le Nid de Cigogne. | 3 vol. |
| Le Braconnier. | 2 vol. |
| La Mine d'or. | 2 vol. |
| Richard le Fauconnier. | 2 vol. |
| Le Pacte de Famine. | 2 vol. |

### ROLAND BAUCHERY.

| | |
|---|---|
| Les Bohémiens de Paris. | 2 vol. |
| La Femme de l'Ouvrier. | 2 vol. |

### Mme CHARLES REYBAUD.

| | |
|---|---|
| Thérésa. | 2 vol. |

### PIERRE ZACCONE.

| | |
|---|---|
| Le Dernier Rendez-Vous. | 2 vol. |

### MÉRY.

| | |
|---|---|
| Le Transporté. | 2 vol. |
| Un Mariage de Paris. | 2 vol. |
| La Veuve inconsolable. | 2 vol. |
| Une Conspiration au Louvre. | 2 vol. |
| La Floride. | 2 vol. |

### PAUL FÉVAL.

| | |
|---|---|
| La Femme du Banquier. | 4 vol. |
| Le Mendiant noir. | 3 vol. |
| La Haine dans le Mariage. | 2 vol. |

### MOLÉ-GENTILHOMME.

| | |
|---|---|
| Les Demoiselles de Nesle. | 3 vol. |
| Le Château de Saint-James. | 4 vol. |
| Marie d'Anjou. | 2 vol. |
| La Marquise d'Alpujar. | 4 vol. |
| Le Rêve d'une Mariée. | 2 vol. |

### AMÉDÉE ACHARD.

| | |
|---|---|
| Roche-Blanche. | 2 vol. |
| Belle Rose. | 5 vol. |
| La Chasse royale. | 4 vol. |

### MICHEL MASSON.

| | |
|---|---|
| Les Enfants de l'Atelier. | 4 vol. |
| Le Capitaine des trois Couronnes. | 4 vol. |
| Les Incendiaires. | 4 vol. |

### SAINTINE.

| | |
|---|---|
| La Vierge de Fribourg. | 4 vol. |

### LÉON GOZLAN.

| | |
|---|---|
| La Dernière Sœur grise. | 4 vol. |

### P.-L. JACOB.

| | |
|---|---|
| Mémoires de Roquelaure. | 7 vol. |

### ROGER DE BEAUVOIR.

| | |
|---|---|
| L'Abbé de Choisy. | 3 vol. |
| Mémoires de Mlle Mars. | 2 vol. |

### EUGÈNE DE MIRECOURT.

| | |
|---|---|
| Madame de Tencin. | 2 vol. |
| La Famille d'Arthenay. | 2 vol. |

### SAINT-MAURICE.

| | |
|---|---|
| L'Élève de Saint-Cyr. | 2 vol. |

# SAINT-PIERRE
# DE ROME

PAR

**MÉRY**

I

PARIS
GABRIEL ROUX ET CASSANET, ÉDITEURS,
24, rue des Grands-Augustins.

1854

# PRÉFACE DE L'ÉDITEUR.

Le livre que nous publions aujourd'hui a été écrit dans la dernière année du règne de Louis-Philippe, à l'époque où l'érection de Pie IX au pontificat attirait sur la ville éternelle tous les regards. C'est un livre d'études tranquilles et sereines sur cette ville qui n'a pas sa pareille dans le monde. M. Méry a visité Rome en 1834. Il allait porter les consolations de la poésie à l'auguste mère de Napoléon. Au palais Rinuccini, le poète se trouvait tous les jours avec le cardinal Fesch, et, par son intermédiaire, rien dans Rome n'a pour lui conservé ses voiles.

Amant passionné de la muse latine, en même temps qu'élevé dans le catholicisme fervent du midi provençal, M. Méry étudia Rome sous son double aspect. Nul ne la connaît mieux que lui : il en remontrerait à un Trasteverin. Son pied a foulé le sable de toutes les ruines, son œil a lu toutes les inscriptions, et, en même temps poète du xix° siècle, il a assisté en artiste et en croyant aux *funzione* de la Semaine-Sainte.

Plusieurs fois dans ses livres il a parlé de Rome. Celui que nous éditons aujourd'hui est comme la préface de ce grand ouvrage qui a paru sous les titres de *la*

*Juive au Vatican* et *Débora*. Unis ensemble, ils forment le livre le plus complet et le plus vrai que nous ayons sur Rome et l'Italie. Si la *Juive au Vatican* et *Débora* ont paru avant *Saint-Pierre*, c'est au temps qu'il faut s'en prendre. Cependant tout ce qui touche à Rome est toujours si palpitant d'actualité, que nous ne craignons nullement qu'on nous adresse le reproche d'arriver un peu tard. S'il est une heure favorable aux livres de fantaisie, toutes les heures sont bonnes aux livres d'études, et celui-ci est de ceux qu'on lira toujours avec intérêt.

Outre des impressions personnelles, il contient des descriptions faites sur les lieux avec ce soin minutieux et cette exactitude jusque dans les moindres détails que M. Méry apporte dans tout ce qu'il fait. En outre, ce qui donne un puissant attrait à ce livre, c'est le personnage de ce portier romain dont M. Méry a dit dans la *Juive* :

« Le concierge du Vatican était aussi un
» vieillard qui donnait l'idée exacte du
» juste ou de l'élu, types créés par les
» livres saints ; il avait la conscience non-
» seulement de son bonheur terrestre,
» mais encore de son bonheur à venir,
» car il lui était impossible de supposer
» qu'après sa mort saint Pierre, le con-
» cierge du Paradis, refuserait sa porte au
» concierge de saint Pierre. La sérénité
» d'une aube de printemps rayonnait sur
» le visage de cet homme si heureux. »

Nous ne parlerons pas de ce qu'a d'original cette idée de voyageur, d'écouter les commérages d'un portier romain, de les mettre en parallèle avec les commérages de ses confrères parisiens, pour en induire une haute leçon de philosophie. M. Méry est de ceux qui nous ont habitués aux conceptions ingénieuses. Plus que personne au monde il déteste le vulgaire, et quand on ouvre un de ses livres on est toujours sûr de trouver quelque chose en dehors de la ligne commune. Ce concierge si bon, si heureux dans sa vieillesse sereine, est touchant et nous intéresse quand il attend son ami le majordome dont il ne reçoit la visite que deux fois l'an. Celui-ci habitué aux grandes choses se complaît dans cette visite; il cause avec son vieil ami, et les histoires qu'il lui raconte sont graves et profondes, comme il convient à cette terre si féconde et éprouvée par tant de secousses.

M. Méry a écouté ces histoires et il les a mises dans son livre. Ce sont des nouvelles écrites avec ce style charmant particulier à l'auteur, et elles suffiraient à faire le succès de l'ouvrage. L'histoire de *Stefano Vetelli* est effrayante dans ses péripéties, et consolante dans sa conclusion. C'est la plus longue du livre et elle forme presque un roman complet. Avec ce cadre, bien des auteurs de nos jours auraient écrit plusieurs volumes. Mais M. Méry n'est pas de ceux qui aiment à alonger indéfiniment leur sujet. Il se plaît au contraire à le restreindre, se bornant au strict nécessaire, afin que l'accessoire ne fasse point oublier le principal. Il ne veut pas que le lecteur se laisse séduire par le dramatique des événements, au point d'oublier le but vers lequel tend le récit. Si l'histoire de Stefano Vetelli a pris des proportions plus grandes que les autres, c'est qu'aussi la leçon qui ressort de cette histoire est plus élevée, et que pour la faire comprendre, il fallait montrer ce vieillard arrivé au faîte des malheurs humains, gravissant la haute coupole de Saint-Pierre pour se consoler au seul aspect de la grande martyre des nations.

Nous n'insisterons pas davantage sur ce livre. A la fois voyage et histoire romanesque, il se présente au lecteur avec ce double cachet. Autrefois ces livres étaient fort à la mode. Aujourd'hui on n'en fait guère plus. Pourquoi ? C'est ce qu'un éditeur ne saurait dire. S'il est vrai cependant que de tout temps on aime à lire ce qui plaît, amuse et instruit en même temps, on lira *Saint-Pierre de Rome* ou le *Concierge du Vatican*, et ce livre n'aura rien à envier à ses aînés.

G. B.

# SAINT-PIERRE DE ROME.

---

I.

En voyage, on cherche ordinairement des ruines, des musées, des aventures, des distractions, des ennuis amusants; mais personne, je crois, ne s'est encore occupé de courir, en chaise de poste, à la découverte d'un homme véritablement heureux. Il est vrai que la lanterne de Diogène ne suffirait pas pour trouver cet atôme dans la voie lactée humaine; il faudrait réduire aux proportions du microscope la grande lunette d'Herschell; et c'est probablement ce qui a découragé les voyageurs.

Un jour, je me promenais à Gênes autour du bassin de marbre, bordé d'aigles *essorants*, à la limite des jardins du palais Doria. Un pauvre lazzarone génois, le scapulaire sur la poitrine et pieds nus, dormait sur le gazon, dans une alcôve de citronniers en fleurs. La figure de cet homme annonçait une sérénité intérieure, qu'un mauvais rêve n'aurait même pu troubler; ses lèvres avaient des mouvements réguliers et lents de respiration; il dormait **comme un** enfant au berceau.

A quelques pas du bassin, un Anglais, entouré d'un immense attirail de peintre touriste, venait d'esquisser sur toile une vue du phare, de la Darse et du port de Gênes, avec une lointaine perspective du golfe de Ligurie. Le travail terminé, il regardait çà et là dans le jardin avec une inquiétude irritée, de l'air d'un maître impérieux qui a perdu son domestique et qui lui prépare une sévère admonition.

Ce domestique était un Italien, né comme tout Italien, avec l'instinct des arts : il regardait la peinture anglaise de son maître comme une insulte faite à la majesté d'un paysage génois; et chaque jour, après que son maître avait dressé son chevalet en plein air, il s'esquivait et allait rendre visite aux fresques, aux statues, aux églises du voisinage. La veille, il avait ainsi passé deux bonnes heures dans l'église de Carignan devant le Saint-Sébastien de Pierre Puget, le sculpteur que les Marseillais, ses compatriotes, ne purent jamais comprendre; et, en ce moment, pendant que son maître le cherchait de tous côtés des yeux, embarrassé de son bagage artistique, il se promenait dans la galerie des Doria, où il admirait les Fresques de Lucca-Giordano et les statues de Philippe-Carlone.

Le peintre anglais avisa tout-à-coup le lazzarone endormi, et donna un sourire au hasard qui lui envoyait un domestique, et lui sauvait ainsi la honte de traverser le faubourg, les remparts et la place de l'Annonciade, avec un atelier de peinture sous le bras : il pressa du bout de sa botte vernie le pied nu du Génois, et avec une langue et un accent qui eurent toutes les peines du monde à se faire italiens, mais que l'exhibition d'une pièce de cent sous traduisit clairement, il ordonna au dormeur de se lever et de porter son bagage à l'hôtellerie de Michel.

Le lazzarone ne daigna se réveiller que d'un œil, et mesurant à demi la taille du peintre et le volume du bagage, il laissa tomber nonchalamment de ses lèvres ces deux mots, *trop loin;* et il se rendormit.

En regardant ce lazzarone, on était convaincu que tout manquait à cet homme, et lui n'avait besoin de rien. Il possédait la mer, les jardins, les collines, le soleil, les églises, les palais de Gênes. Quand il avait faim, il se laissait nourrir par le curé métropolitain de San-Lorenzo; quand il avait soif, il s'abreuvait à la fontaine Saint-Christophe; quand il voulait dormir, il s'étendait au soleil ou aux étoiles, sur l'édredon des jardins du palais Doria, entre les doux murmures de la cascade et de la mer.

Malgré des apparences si belles, ce lazzarone ne me parut pas répondre complétement à l'idée que je me suis faite de l'homme heureux. Des dérangements pareils à celui qui venait de lui faire éprouver l'Anglais artiste, devaient nécessairement troubler sa félicité. Il fallait donc chercher ailleurs.

Quelques mois après, en descendant du sommet du Mont-Quirinal à la fontaine de Trévi, à Rome, je vis une porte de jardin entr'ouverte, et qui semblait autoriser l'indiscrète curiosité du passant. J'aime les jardins de Rome, soit qu'ils se recueillent, avec modestie, entre quatre murs grisâtres, devant une petite maison bourgeoise, soit qu'ils se déroulent fastueusement pour continuer un palais, au bord du Tibre, entre le pont Sixte et le pont Saint-Ange.

Le petit jardin que j'avais sous les yeux respirait cette mélancolie charmante qui descend avec les heures du soir dans les nymphées italiennes, pleines de petits bruits de feuilles et d'eaux, à travers les éclaircies d'une treille où les pampres se croisaient avec la verdure des orangers, j'aperçus un homme jeune encore et qui souriait à deux beaux enfants assis sur ses genoux, pendant qu'une blonde petite fille, couchée sur un lit d'herbes, effeuillait une fleur de *girasole* en fredonnant le refrain de la *canzonnetta* :

Alla chiesa di san Martino
Per l'amor di Jesu bambino,

La mère divinisait ce tableau, en le contemplant avec des regards remplis de toutes les pures tendresses du cœur. Par intervalles, des éclats de joie enfantine, et un concert italien de syllabes mélodieuses se mêlaient aux chants des oiseaux, à l'harmonie des pins et des fontaines, et alors, cette tranquille fête domestique, applaudie par toutes les voix de la nature, avait ce caractère de ravissement et d'extase sereine, qu'emprunte, à coup sûr, le bonheur dans ses trop rares révélations.

Un instant je crus avoir trouvé à la fontaine de Trévi l'homme que je cherchais.

Hélas! ce n'était encore là qu'un mirage de bonheur. Cet homme, comme je l'appris ensuite, avait éprouvé, à trente ans, une attaque de paralysie. Au moment où je l'aperçus, il essayait de se distraire et de se consoler!

Sans me laisser décourager par ces divers échecs je continuais mes promenades dans Rome, espérant bien que cet être si intelligent qu'on nomme le hasard viendrait à mon secours, si mon homme existait.

La recherche d'un extrait de naissance m'obligea, un jour, de faire une visite aux archives de Saint-Pierre et du Vatican. Il me fallait donc accomplir un véritable voyage dans ce labyrinthe chrétien, dans ce monde de marbre, de porphyre et d'or, dans cette huitième colline que la religion a ajoutée à la ville de Romulus.

Quand je vis pour la première fois la basilique de Saint-Pierre et les innombrables musées du Vatican, je fus frappé d'une idée anticonstitutionnelle que je soumets au jugement des artistes, et qui fera sourire le bon sens des législateurs.

C'est une simple supposition.

En 1847, un ministre de l'Intérieur monte à la tribune de la Chambre des Députés et parle ainsi :

« Messieurs, je viens soumettre à la Chambre une proposition : il s'agit de construire un monument digne du rang que la France chrétienne et artiste occupe dans le monde civilisé. Il faudra deux siècles pour le bâtir ; nous épuiserons des carrières de marbre, de bronze, de jaspe, de porphyre pour le décorer ; nous le peuplerons d'un monde de statues, dont la plus petite aura trente pieds de haut. Tous les grands artistes de l'univers sont appelés à ce chantier immense, et tous y trouveront leur gloire et leur fortune. Chaque tableau sera une mosaïque colossale, chaque fresque une insurrection de géans. La coupole de cet édifice s'élèvera comme une montagne de quatre cent trente pieds. D'innombrables colonnes encadreront le parvis de cette église, comme les seuls horizons dignes d'elle; deux fleuves jailliront de ses fontaines, et on lira, sur le stylobate de l'obélisque du milieu, cette inscription nationale :

GALLIA REGNAT,

GALLIA IMPERAT,

GALLIA AB OMNI MALO

ORBEM DEFENDAT.

» Pour arriver à ce magnifique résultat, il nous faut deux milliards et deux siècles, c'est-à-dire deux oboles et deux-minutes de l'éternité. »

J'entends d'ici le rire fou des centres, de la gauche et de la droite qui accueillirent une semblable proposition.

L'infortuné ministre de l'Intérieur, coupable aujourd'hui d'un pareil discours, serait, séance ténante, violemment séparé de son portefeuille rouge; et conduit en chaise de poste à Charenton, où sa folie serait classée sous quelque nom nouveau, composé de deux mots grecs.

Fort heureusement, pour les grands artistes qui ont vécu depuis le pontificat de Jules II jusqu'à celui de Paul Borghèse, il n'y avait plus de rostres constitutionnels à Rome, lorsque Bramante et Michel-Ange ont fait ce rêve merveilleux; les papes ont compris les artistes et ont eu le sublime courage de leur venir en aide; l'église indigente a réalisé ce que la première puissance du monde ne réalisera pas aujourd'hui !

Revenons aux archives de Saint-Pierre, fort difficiles à trouver sous la colline sculptée par Michel-Ange.

Malgré mon horreur pour les renseignements, je m'adressai enfin à un *san pietrino*, chargé de la conservation du tombeau de Clément XIII ; et le chemin qui mène aux archives me fut indiqué avec cette gracieuse politesse qu'on retrouve à toutes les antichambres, chez les familiers du Vatican. Je traversai une galerie sombre, éclairée seulement par des reflet de portiques de marbre, et laissant à droite la merveilleuse rotonde de la sacristie de Saint-Pierre, qui, partout ailleurs, serait le plus beau et le plus riche des temples, j'entrai dans la vaste cour du séminaire, dont le bâtiment s'adosse au flanc de la basilique. A l'extrémité d'un corridor, je trouvai à main gauche, et sur le seuil d'une porte de jardin, la loge du concierge, et c'est là que je demandai à parler à M. l'archiviste.

Le concierge, qui allait devenir pour moi une connaissance intime, était un vieillard radieux et calme, dont Rembrandt n'aurait pas voulu faire le portrait, mais dont Claude Lorrain aurait volontiers reproduit la figure, comme s'il eût peint un soleil couchant. Sur ce visage de chérubin octogénaire, on ne voyait pas une seule ride qui servît de date à un souci. Sa voix était d'une douceur argentine qu'aucune tempête intérieure ne paraissait avoir altérée; rien n'annonçait pourtant que cette absence d'émotions dût être attribuée à une grande simplicité d'esprit; ses yeux, quoique doux, pétillaient d'intelligence, et son geste, combiné avec son regard, était éloquent avant la parole.

La loge de ce concierge n'avait aucun rapport avec la cage humide d'un confrère parisien. Saint-Pierre, en découpant des montagnes de marbre, en a prodigué les rognures autour de lui, et le concierge même du séminaire du Vatican a tapissé sa loge avec des tentures de Carare. La fenêtre s'ouvre sur le jardin, un délicieux jardin qui s'est planté lui-même, et où croissent l'oranger, le figuier, le grenadier, au goût de la nature, moitié au soleil de la campagne de Rome, moitié à l'ombre sublime que lui verse la montagne ronde qu'un souffle de Michel-Ange éleva dans les airs.

L'archiviste était absent : il assistait aux

fonctions de la Semaine-Sainte, à Saint-Jean-de-Latran, à l'autre bout de Rome; mais le vieillard concierge m'avait si vivement intéressé, lorsque j'eus échangé avec lui deux ou trois phrases, que j'acceptai une chaise offerte, pour continuer mon entretien avec lui.

— Vous êtes donc dans votre famille, lui dis-je en continuant, attachés au service du Vatican, depuis l'année 1523.

— Oui, monsieur, me répondit-il avec un sourire calme, qui accompagnait toutes ses paroles : Nous sommes *San Pietrini*, par filiation, depuis le pontificat de Clément VII; et comme mes prédécesseurs ont tous été presque centenaires, j'ai entendu, dans ma jeunesse, raconter à mon aïeul, ce que son père lui avait raconté sur le siége de Rome, en 1527. Il ne faut que trois hommes pour lier l'histoire de trois siècles ; grâces à mes traditions de famille, il me semble que j'ai vécu en 1527, et qu'il m'a été donné d'être le témoin oculaire du plus grand événement qui ait désolé la chrétienté.

— Après l'invasion d'Attila, pourtant? lui dis-je avec un ton modeste de circonspection.

— Non, me répondit-il vivement, Attila était un conquérant païen : et le connétable, un ravageur sacrilége. Sous le premier, Rome ne pleura qu'un malheur ; sous le second, elle pleura un crime.

— Puisque vous avez été, pour ainsi dire, témoin oculaire de ces épouvantables événements, toujours oubliés, ou si mal racontés par les historiens, veuillez bien me donner quelques-uns de ces détails qu'on ne trouve pas dans les livres.

— Venez avec moi, s'il vous plaît, me dit le concierge.

Et il entra dans le jardin.

Du point culminant où nous nous trouvions alors, tout le côté trastéverin de la ville se déroulait devant nous, depuis le *Monte-Mario* jusqu'au pied du mont Janicule. Les hauts édifices du Vatican nous dérobaient le château Saint-Ange qui a joué un si grand rôle dans le siége de 1527; mais à défaut de cette immense rotonde, complément si majestueux de tout paysage romain, nos regards couraient de coupole en coupole, et tous ces dômes ressemblaient à une constellation de planètes réfléchissant le soleil; notre horizon aérien était borné, avec une solennité incomparable, par des arches d'aqueducs qui apportent un fleuve à la fontaine de Paul, sur le sommet de *San*

*Pietro in Montorio*, atelier sublime où Raphaël peignit et déposa la Transfiguration du Thabor.

— Le 6 mai 1527, jour de sang et de crimes, dit le concierge, le connétable, monté sur un cheval superbe et revêtu d'une armure toute blanche, se montra de ce côté-là, sous vos yeux, à la porte San-Spirito; avec lui était Franisberg, qui commandait les Luthériens, tandis que les Espagnols s'avançaient sur la Via Julia. Les deux chefs, chargés de la défense de Rome, étaient, comme vous le savez (je ne le savais pas), Renzo et Horace Baglioni, deux hommes inhabiles, qui n'avaient pas remarqué une brèche pratiquée au mur d'enceinte, là, devant vous, dans les jardins du cardinal Ermellino. Les bandes espagnoles entrèrent par cette brèche, au moment où un brouillard épais couvrit la campagne et la ville. Renzo, qui se trouvait à la porte Torrione, aperçut le premier les Espagnols, et s'écria : *Voilà les ennemis! sauve qui peut!* et il donna l'exemple en courant au château Saint-Ange, où il se réfugia. C'est ainsi que Rome fut envahie à huit heures du matin, aux cris de : *Vive l'Espagne! Tue! tue!* Le soir, la ville n'offrait, dans tous ses quartiers, que des tableaux de dévastation, de pillages, de violences, d'incendie et de mort. On vit alors ce que nos ancêtres n'ont pas vu avant Attila et Genseric. Rien ne fut respecté, ni les monuments anciens, ni les monuments nouveaux. L'armée du connétable se partagea sa monstrueuse besogne : les Espagnols s'attaquèrent aux débris encore debout de la civilisation païenne, pendant que les lansquenets luthériens de

Franisberg entraient dans les églises, pillant et dévastant tout. Ce qui périt dans ces jours de désolation, Dieu seul le sait! mais Rome gardera longtemps le souvenir de ce pillage et de cet incendie !

Je remerciai le concierge de cette leçon d'histoire qu'il me donnait en passant, et je lui demandai la permission de lui rendre quelques visites pendant mon séjour à Rome, ce qui me fut généreusement accordé.

Le vieillard descendit, avec lenteur, de l'observatoire naturel où nous étions placés pour suivre les mouvements de l'armée impériale ; il continuait de regarder avec des yeux humides les tableaux évanouis depuis trois siècles, et dont il se croyait réellement le contemporain, grâces à une filiation toujours vivante d'intérêts domestiques et de merveilleux souvenirs.

L'âge de cet octogénaire perdait de même, pour moi, sa valeur numérique ; je l'écoutais parler, comme si j'avais eu pour interlocuteur un chêne séculaire dans quelque apologue de Ménénius Agrippa. Aussi je me proposai bien de visiter une seconde fois la loge de ce concierge, surtout avec l'espoir de terminer, sur cet horizon tranquille, mon voyage à la découverte d'un homme heureux ; exploration négligée par les navigateurs du détroit de Bhéring et du pôle Nord.

II.

En quittant le *concierge du Vatican*, après cette première visite, et me retrouvant sur la grande place, au milieu de laquelle, entouré de ses fontaines jaillissantes, se dresse l'obélisque de Fontana, un instant j'hésitai à m'éloigner ; il me semblait que cette journée devait être achevée dans la grande basilique du monde chrétien. Les chants de l'office du soir n'avaient pas encore cessé ; je n'avais qu'à soulever la grande natte qui couvre les portes, et les notes graves et sévères de la mélopée antique seraient arrivées à mes oreilles.

Mais ma pensée avait besoin de repos et de distraction. Les paroles empreintes d'une si haute sagesse que m'avait dites l'heureux vieillard du Vatican, revenaient en foule dans mon esprit, et me faisaient rechercher la solitude et le silence, amis de la méditation. A Saint-Pierre, tout encombré de monuments, de chefs-d'œuvre sans nombre, j'aurais été dérangé sans cesse par cette multitude d'étrangers accourus de tous les coins du monde, ayant depuis longtemps choisi cette semaine pour visiter Rome. Saint-Pierre devient alors un lieu de perpétuel rendez-vous. On l'envahit à toute heure; on le fouille dans tous les sens avec l'aide du cicerone, et chaque tombeau, chaque chapelle retentit sans cesse de la voix du *San-Pietrino* explicateur.

Dans cette foule, il ne pouvait y avoir de place pour moi. Je m'acheminai donc vers l'église plus solitaire de *San-Pietro in Vincoli*. Là, dans un tombeau sculpté par la main puissante de Michel-Ange, repose Jules II : c'était ce qui m'attirait à Saint-Pierre-aux-Liens. Le divin Buonarotti devait bien, après sa mort prématurée, un peu de marbre à ce Julien de la Rovère, éternel batailleur, qui, dans ses heures si occupées pour la plus grande gloire de la puissance pontificale, trouva toujours le temps d'appeler à lui les artistes, de les protéger, de les encourager, de les pousser à faire des œuvres immortelles qui illustrassent à jamais dans les âges cet heureux moment de la Renaissance.

Le tombeau de Jules II est dans la sculpture une de ces œuvres magistrales comme il en sortait toujours du ciseau de Michel-Ange. Il suffit de les nommer pour qu'aussitôt tous ceux qui aiment les arts se les rappellent. Ils les ont vus, sinon avec leurs yeux, du moins dans les dessins qu'en ont rapportés toutes les générations d'artistes qui sont venus chercher des modèles dans la ville sainte. Ce n'était pas la première fois que je contemplais ces magnifiques pierres tumulaires; mais jamais elles ne m'avaient paru plus grandes, plus dignes d'admiration. Il y avait quelques jours à peine qu'à Florence j'avais visité le sarcophage dans lequel dort pour l'éternité Laurent de Médicis, que ses contemporains avaient surnommé le *Magnifique*. Dans ces jours heureux, les Médicis de Florence, les riches patriciens de Venise, les souverains pontifes et tout ce qui avait quelque puissance en Italie, se disputaient l'honneur et la gloire d'être les protecteurs éclairés des arts et des artistes. Tout homme alors qui se sentait illuminé par un rayon de la flamme divine n'avait qu'à venir vers les uns ou vers les autres ; il était toujours sûr de trouver un appui. Bien plus, toutes ces puissances rivalisaient de zèle, cherchant à enlever aux autres ses artistes, et de là pour ceux-ci, afin de contenter tant de généreux protecteurs, naissait la nécessité de se multiplier et de réaliser l'impossible. Le marbre, l'airain, la toile, les murs prêts à recevoir la fresque furent prodigués; mais les artistes avaient toujours du travail et du génie à mettre au niveau de cette bienveillance. Quand Michel-Ange faisait jaillir du bloc le *Moïse* qui est à San-Pietro-in-Vincoli, *Il Pensiero* qui est sur le tombeau de Florence, ou le *Bacchus* qui est à Venise, il payait largement et royalement cette faveur de la puissance accordée à l'art. Les autres ne firent pas plus que le Florentin Buonarotti défaut à leur tâche. Tous, à cette époque heureuse, ils mirent à enfanter des chefs-d'œuvre une furie d'émulation que ne verront plus les siècles, parce que les Farnèse, les Médicis, les Borghèse, les Julien de la Rovère ont emporté dans leur tombe la pensée sublime qui les guidait!

Voilà ce que me disait Jules II sous sa pierre, et j'écoutais, saisi d'une sainte terreur cette voix qui parle du sépulcre. Vers le soir, le tombeau de San-Pietro-in-Vincoli revêt des teintes à demi-effacées, et cependant lumineuses encore, grâce à la blancheur du marbre. Elles donnent une espèce de vie fantastique à ces figures grandioses, et, par moments, on est tenté de croire que l'ombre de Jules II va dépouiller ses voiles mortuaires, briser la pierre qui le couvre, et s'élancer vers le Vatican !

La nuit me surprit pendant que j'errais autour de ces marbres sacrés, et les ténèbres épaisses qui emplirent la vaste nef m'annoncèrent qu'il était temps de me retirer. La lampe du sanctuaire brillait comme une étoile solitaire dans cette nuit. Mais tout aux alentours était ombre et silence.

En rentrant dans la ville, je retrouvai le bruit.

Le lendemain, samedi de la Semaine-Sainte, au moment où la cloche de Saint-Pierre, muette depuis deux jours, se réveillait au chant du *Gloria in excelsis*, tandis que l'artillerie du fort Saint-Ange saluait le gonfanon pontifical, arboré au Vatican, je traversais, obscur pèlerin, la place de la basilique, toute couverte par les populations des campagnes.

On voyait arriver, bannières au vent, par la rue de *Borgo-Nuovo*, qu'on ne peut regarder sans que la pensée se reporte sans cesse au tableau que l'*Incendie* a inspiré à Raphaël, les jeunes filles d'Aricia, de la Storta, de Subiaco, de Bagna-Cavallo, et celles d'Albano et de Tibur, portant des gerbes de lys comme les bergères de Virgile, *lilia quassans*, et toutes revêtues de ces costumes éblouissants qui semblent copier les mosaïques des jardins italiens, à la première lune d'avril. En suivant de l'œil cette procession de jeunes villageoises sous la courbe des colonnades, on croyait voir tournoyer un arc-en-ciel dans le brouillard humide qu'élèvent aux nues les deux fontaines du Vatican.

Ce magnifique spectacle ne me fit pas oublier mon ami de la veille, le concierge du séminaire et le rendez-vous que je m'étais donné chez lui. Je trouvai le vieillard dans son jardin, où il était occupé, comme Horace, à regarder la neige du mont Soracte, qui se fondait au premier sourire du printemps; *gratâ vice veris, et favoni*. Ma seconde visite prenait un caractère du curiosité importune qui pouvait blesser un vieillard cénobite, habitué à l'isolement. Pour me mettre tout-à-fait à mon aise, je lui exposai mon scrupule, avec une franchise dont il parut être touché.

— Oui, monsieur, me dit-il, je sais que dans le monde on a toujours besoin de quelqu'un pour vivre : ceux qui viennent du monde, me l'ont affirmé, autrement je n'en aurais rien su. Je n'ai qu'un ami, c'est Mateo ; mais je ne le vois que deux fois dans l'année, la seconde fête de Pâques et de Noël. Cela nous suffit à tous deux. Il est vrai que Mateo demeure bien loin d'ici.

— Dans quelque village de la campagne romaine? lui dis-je avec un ton interrogatif très-modéré.

— Oh! non, de l'autre côté de Saint-Pierre, chez le majordome du Vatican.

— C'est-à-dire, dans la même maison.

— Oui, mais quelle maison! me dit-il en souriant; avec les pierres de cette maison vous pourriez bâtir une ville.

— C'est vrai. Cependant, lui dis-je, vous devez avoir, dans Rome, des connaissances ou des affaires qui vous obligent à des excursions beaucoup plus longues.

J'avais dit ces paroles en donnant à ma voix toutes les douceurs des mélodies italiennes. Depuis la veille j'étais tellement habitué aux surprises, je marchais d'étonnements en étonnements, que je me défiais sans cesse de moi. Je cherchais du moins à m'assurer toujours la bienveillance de mon interlocuteur.

Le concierge me regarda fixement, et s'il m'eût laissé sans réponse, sous l'impression de ce regard étrange, toute ma vie aurait été employée à chercher le mot de l'énigme partie, comme un éclair, de ses yeux.

—Eh, monsieur! me dit-il après un moment de silence, — qu'irais-je faire à Rome ou ailleurs? Probablement j'irais y chercher une chose qui me manque ici. Rien ici ne m'a jamais manqué.

— Vous n'êtes donc jamais sorti?

— Jamais. Pourquoi chercher le mal, quand on est au milieu du bien? Courir le monde, c'est critiquer sa maison.

— Mais il me semble, — lui dis-je timidement, du ton d'un homme qui n'est pas bien sûr d'avoir raison.— Il me semble qu'on peut courir le monde pour s'instruire, et voir les choses qu'on n'a pas chez soi.

— Monsieur, me répondit-il avec une fierté douce, — il y a un orgueil chrétien qu'il m'est permis d'avoir, et qui me fait croire victorieusement que tout ce qui est hors de cette enceinte ne mérite pas la peine d'être vu. La curiosité est naturelle à l'homme, je le sais ; mais elle ne s'exerce que de bas en haut ; elle ne descend pas.

Cette réponse me surprit et suspendit quelques instants notre entretien. Le concierge du Vatican se promena dans son jardin, arrangeant ses orangers, pendant que mon esprit se laissait aller à la sagesse des paroles sorties de ses lèvres.

Nous qui sommes habitués à entendre parler nos concierges, nous sommes prêts à révoquer en doute les traits d'intelligence élevée qui sortent de la bouche d'un homme d'infime condition. Quant à moi, je n'étais nullement surpris de toutes les choses qui me furent dites en ce jour par le concierge du Vatican, même lorsqu'il atteignait les hauteurs de l'éloquence. Au Vatican, sous le soleil de Rome, dans le voisinage des merveilles des beaux-arts, l'Italien, naturellement impressionnable, se donne à lui-même une éducation d'artiste, et s'exprime, en paroles de feu, avec le secours d'une langue mélodieuse, doux écho du latin. J'ai rapporté, dans le premier livre où j'ai rendu compte de mon voyage d'Italie, quelques phénomènes de ce genre, pris dans la classe la plus obscure du peuple romain moderne. L'imagination, la poésie, l'éloquence, ces filles du Tibre et du soleil, n'ont pas déserté la ville des poètes et des orateurs. Le temple de Cybèle est détruit, mais la flamme de Vesta brûle toujours, purifiée par la foi, elle se rallume aujourd'hui, chaque année, au *Lumen Christi* du Samedi Saint.

— Oui, poursuivit le concierge en revenant vers moi, mon univers est ici. Je ne connais pas d'autre horizon, pour mes yeux ou mes pieds, que la colonnade de Saint-Pierre. Ailleurs est le néant. Je vous l'ai dit, je suis plus vieux de deux siècles que mon âge. J'ai donc assisté à toutes les seules grandes choses qui ont été faites, et qui ont passé devant le seuil de ma maison. Ces souvenirs sont mes livres; ces histoires sont mes entretiens éternels.

Il s'arrêta à ces mots, se tut quelques instants, comme pour se recueillir; après quelques minutes de silence, il reprit d'une voix émue :

— Puisque vous êtes revenu me voir aujourd'hui, c'est qu'aucune affaire, comme vous dites, ne vous retenait dans Rome. Une idée bonne vous a conduit auprès de moi ; vous cherchez une instruction ici, écoutez-moi donc avec attention, et suivez le fil de mes idées. J'ai le droit de vous parler ainsi, ajouta-t-il avec un sourire.

Et, après un nouveau silence, il s'exprima en ces termes :

— Vous savez ce qui arriva dans notre pays lorsque Cimabuë, venu de Constantinople après la victoire de Mahomet II, peignit la première des madones avec la naïveté du pinceau bizantin ? Le peuple des campagnes, vieillards, jeunes gens et jeunes filles, semèrent des fleurs et brûlèrent l'encens sur la route triomphale où passa le divin tableau. La naissance de la peinture fut saluée par un long cri d'enthousiasme dans les vallons et sur la crête des Apennins. Le même cri trouva le même écho, lorsque Palestrina entonna les versets du *Benedictus*, et que, dans une langue mélodieuse encore inconnue, il pria le ciel d'*éclairer les hommes assis à l'ombre de la mort;* lorsque Giotto, l'élève de Cimabuë, en même temps qu'il peignait les fresques divines de l'église Santa-Croce, éleva la merveille de son Campanile entre le baptistère de Ghiberti et le dôme de Brunoleschi et d'Arnolpho. Ces beaux jours ne sont pas éteints; je pourrais vous conduire jusqu'à ces temps derniers en vous énumérant une série non interrompue de chefs-d'œuvre ; toujours un nom nouveau remplaçait le nom qui venait à s'éteindre; la palette et le ciseau tombant d'une main défaillante étaient ramassés par une main jeune et robuste; et aujourd'hui l'enthousiasme pour ces beaux-arts, qui sont la glorification de Dieu et la noblesse de l'homme, est encore vivant au fond des cœurs; tout digne enfant de Rome s'associe par la pensée à ces premiers triomphes; il sent sa poitrine qui se soulève et son sang qui bat plus vite au souvenir de cette grande rénovation, et il comprend qu'il sort de cette race d'ardents néophites qui ont divinisé la peinture, la mélodie, et l'architecture sur le sol italien.

Chaque jour, en jetant les yeux autour de moi, un angle lumineux de tableau, une note grave, montant de la chapelle Sixtine, une perspective de portique, un clocher lointain, me reportent au berceau de nos merveilles; et ces souvenirs sans cesse évoqués, dans mon esprit, par les images voisines, entretiennent une fête continuelle dans mon cœur. Je me mêle au cortège pieux qui accompagne la Madone de Cimabuë à la chapelle des Ruccellaï; qui applaudit Palestrina sur le parvis de Sainte-Marie-Majeure, ou le statuaire Lucca della Robbia, ciselant sur la pierre, à Santa-Maria-Novella, le premier modèle des vierges de Raphaël.

Mon aïeul a entendu, ou pour mieux dire, j'ai entendu des entretiens sublimes, là, tout près d'ici, sous les arcades de ce Vatican. Les interlocuteurs se nommaient Léon X, Jules II, Paul III, Bramante, Michel-Ange, Raphaël; les grands-prêtres de Dieu et les grands-prêtres des arts. Association sublime, comme il ne sera plus donné à l'homme d'en voir sur cette terre! Les Pontifes disaient aux peintres :

« Voilà des portiques, des voûtes, des coupoles, des galeries, des pans de murailles gigantesques; voilà les carrières de Saravezza, si vous craignez que celles de Carrare s'épuisent; le marbre en est aussi blanc et d'un grain aussi pur; voilà toute une mine de bronze, détachée par les barbares de la rotonde du Panthéon; prenez tout ce monde au chaos, animez-le de votre souffle, et créez. Appelez à vous tous ceux qui peuvent vous seconder dans votre œuvre : les artistes voluptueux de la Campanie-Heureuse; les artistes sévères qui continuent, à Florence, l'œuvre de Ghirlandaïo et de Fiesole; les artistes de la forme, qui se lèvent à l'horizon des lagunes de Venise; les artistes méditatifs qui racontent la vie de Pie II, sur les fresques de Sienne, ébauchées par le Sanzio ; et que tout ce peuple travailleur animé de la sainte furie des beaux-arts, accourt de tous les points de l'Italie à l'atelier du Vatican.

» Ainsi parlaient les Pontifes et les artistes écoutaient avec recueillement ces augustes paroles. Ils prirent cette Rome qu'on leur donnait ; ils la visitèrent dans toutes ses profondeurs ; ils y établirent partout d'immenses ateliers ; ils la transformèrent, et bientôt une Rome nouvelle surgit à la place de celle qu'avaient mutilée les Barbares.

» Car à la voix de Bramante, de Michel-Ange, de Raphaël, les peintres, les sculpteurs, les statuaires, les ciseleurs, les architectes, les mosaïstes arrivaient à Rome : c'était l'invasion de l'art après l'invasion de la barbarie. Aussitôt notre basilique écrasa du pied le Cirque de Néron, au sommet du Vatican. Le bronze d'Agrippa s'arrondissait sur l'autel de Saint-Pierre; la mosaïque couvrait le parvis; l'or, les plafonds; le marbre, les murs, Raphaël peignait les Loges et l'incendie du Bourg ; Michel-Ange, un ciseau d'une main, un pinceau de l'autre animait la pierre et la fresque. La villa d'Adrien, fouillée par les mains des pontifes, leur rendait mille chefs-d'œuvre, héritage de Rome païenne; et le Vatican ouvrait ses galeries à ce peuple de marbre enseveli par les fossoyeurs d'Attila.

»Cette sublime fièvre de travail a duré deux siècles, là, sur ce sol, qui est la grande artère du monde chrétien. Jamais à aucune époque de l'histoire des nations, deux siècles ne furent mieux employés : ces antiques témoins l'attestent auprès de nous ; la statue de Jupiter dans la basilique, et l'obélisque égyptien sur le parvis, l'Hercule Farnèse et le Démosthènes qui sont l'ornement de nos Musées. »

Le vieillard s'arrêta, et son visage prit une expression séraphique. Il écoutait le concert aérien des trois cents cloches de Rome, qui accompagnaient l'*Angelus* et l'*Alleluia* du Samedi-saint : c'était l'heure de la prière.

Il me salua par un geste amical, mais, sans m'adresser une parole. Je ne regardai donc pas son geste, comme un adieu définitif, et je sortis du jardin, avec l'espoir d'y rentrer bientôt. Surtout, je brûlais de connaître ce Mateo, le voisin et l'ami du concierge, et d'assister à l'entretien des deux vieillards. Au lieu d'un seul homme heureux, j'allais, sans doute, en trouver un second. Il y avait de quoi me défrayer largement de mon voyage de six jours, à pied et à jeun, à travers les Apennins.

Je dois même l'avouer, à cette heure j'avais oublié toutes les souffrances et les fatigues de la route, et s'il m'avait fallu recommencer cette noble et pénible pérégrination, sans balancer un instant, j'aurais renoué la sandale à mes pieds et remis dans mes mains le bâton du voyageur.

A mon retour vers la ville, en traversant la basilique de Saint-Pierre, j'entendis le dernier verset des offices, accompagné par l'orgue, dans la chapelle du chœur. Le cierge Pascal venait d'être posé sur un chandelier, à côté de la statue de sainte Véronique, et sous les pendentifs du dôme où Michel-Ange a incrusté les quatre évangélistes. Les fidèles puisaient l'eau de Pâques, devant la cuve baptismale, qui fut le tombeau d'Othon. Une colonie innombrable d'Anglais et de Russes tourbillonnait, avec tout le luxe et le fracas mondain, devant l'autel où l'officiant, *fléchissant le genou*, venait de prier *pour les païens et les schismatiques, pro ethnicis, et schismaticis.* De rares pèlerins, bourdon à la main, coquilles au col, et les sandales blanchies par la poussière de Jérusalem, traversaient la foule hérétique pour s'agenouiller devant la statue de l'apôtre qui tient les clés du ciel ; tandis qu'au dehors, sur la vaste place, des milliers de voitures armoiriées stationnaient devant la double colonnade, en attendant les pèlerins **millionnaires de Londres et de Pétersbourg**

Les propriétaires de ces riches voitures se rencontrent partout à Rome durant la grande semaine. On les reconnaît à la suffisance de leurs manières qui ne respecte rien, et traite le temple auguste où se célèbrent les plus saints des mystères, comme un salon du West-End ou de Moscou. Pour eux, les cérémonies paschales de Saint-Pierre sont un spectacle comme un autre auquel ils accourent pour se donner quelques jours de distractions. L'irrévérence de ces étrangers me choquait partout, mais surtout dans St-Pierre où ils s'établissent comme dans une hôtellerie. Là se font des reconnaissances bruyantes entre amis également ennuyés et qui ne se sont pas vus depuis longtemps. La voix haute et claire, ils lancent aux échos des paroles étonnées de résonner sous ces voûtes augustes, et souvent le tumulte de leurs conversations nuit à la sainteté des offices. Heureusement Rome est la plus tolérante des villes. Rien ne saurait troubler l'auguste majesté de ses prêtres quand ils ont revêtu le vêtement sacré. Absorbés par la prière, ils n'entendent pas le bruit profane qui se fait autour d'eux. Mais nous étions stupéfaits de cette absence de respect et, malgré moi, mes réflexions se portaient sur les jours écoulés et je me disais :

Au temps de la foi, une armée de pèlerins entrait à Rome pour assister aux cérémonies de cette semaine. C'étaient de pauvres chrétiens qui regardant cette terre comme une vallée de larmes, et cette vie comme un pèlerinage, s'en allaient par les Abruzzes ou les Apennins, les uns du midi, les autres du septentrion, dormant sous des tentes, ou à la belle étoile; buvant l'eau des sources, mangeant le pain de l'aumône; plus amoureux d'indulgences que de richesses; et ils envahissaient Rome, dans les Ides de mars, passant devant les hôtelleries sans s'y arrêter ; n'ayant d'autre toît qu'une voûte d'église, d'autre lit que la pierre nue de quelque ruine païenne, arrosée du sang d'un martyr.

Aujourd'hui, il faut être millionnaire et protestant pour être pèlerin; il faut apporter sur le paquebot une calèche blasonnée avec une famille de serviteurs, vêtus comme des maîtres ; il faut entrer à Jérusalem, le jour des Rameaux, sur un quadrige, pour obtenir l'*hozanna* des Lucullus de la place d'Espagne, et du *Corso*, qui donnent à manger à ceux qui ont faim, et à boire à ceux qui ont soif, à raison de vingt guinées par jour, selon le précepte de l'Évangile anglican.

Dans ce tourbillon de lords, de philosophes millionnaires, de podagres touristes, de publicains athées qui viennent se célébrer eux-mêmes dans la semaine sainte de Rome, il y a toujours, perdu comme un grain de blé sur une aire vide, quelque pauvre poète, riche seulement d'imagination et chargé du bagage de Bias; quelque fou, ayant foi dans l'absurde comme saint Augustin, et qui s'en va frapper à la porte d'un artiste pour lui demander l'hospitalité. Ce pèlerin est toujours un Gaulois baptisé, un fils de Brennus ou de Victor; il passe à travers la ville, le front haut devant les Pharisiens de l'Europe, la tête inclinée devant les temples; il regarde du haut de sa foi tout ce monde misérable qui vient demander à Rome l'aumône d'une émotion, et qui a cousu une frange d'or à son manteau d'ennui.

III.

A la veillée du soir, nous causions entre amis, et aux pensées d'art se mêlaient dans ces entretiens les pensées religieuses que Rome en ces grands jours inspire aux plus indifférents. En Italie, à Rome surtout, il est impossible de séparer l'art de la religion. Quiconque a dans sa main serré une palette ou un ciseau, a bien pu, à certaines heures de sa carrière, chercher ailleurs que dans les légendes bibliques les images rêvées par une fantaisie vagabonde, mais les plus grands, les plus immortels chefs-d'œuvre, si l'on pouvait dire ce mot, ont toujours été inspirés par les drames merveilleux du christianisme. Soit que dans les galeries Vaticanes on s'arrête à la *transfiguration* de Raphaël, à la *communion de saint Jérôme* du Dominiquin, soit que, dans le temple même, on pense aux statues colossales de saint Pierre, des anges, de sainte Véronique, de la mort, ou qu'on erre autour des tombeaux de Clément XIV ou de Paul III, toujours, en présence de ces toiles ou de ces marbres divins,

on n'aura garde de regretter ou l'*école d'A-
thènes* ou le *Démosthènes* du Musée des antiques.

Le soir de ce samedi, après avoir quitté l'heureux vieillard du Vatican, je me promenais avec un peintre de mes amis sous les grands pins de *Monte-Pincio*, et il me disait :

» — Avec ses goûts mercantiles et ses tendances industrielles notre époque est mauvaise à l'art et aux artistes. Qui nous redonnera les jours de foi naïve, ces jours où l'on ne discutait pas, où l'on ne dissertait pas, mais où l'on travaillait! Alors on n'était point habile avec la parole, mais avec la main. Alors on avait moins de goût peut-être, mais le goût chasse la grandeur, le goût craint tout ce qui est en dehors des proportions ordinaires. Il faut user de longues années et beaucoup d'hommes de génie pour qu'on s'accoutume à reculer les limites des conventions établies. Quel peintre de nos jours oserait rêver, seulement rêver, de renouveler les prodiges d'audace et de force que Michel-Ange avec une liberté sans égale a semés partout aux lambris de la chapelle Sixtine ! Et puis, si quelqu'un le rêvait où serait le gouvernement, où serait l'homme riche et puissant qui tendrait une main fraternelle à l'artiste? Où sont les papes? ou sont les Médicis, les Farnèse, les Aldobrandini, toute la noblesse de Venise, de Rome, de Gênes de Florence !....,

Et mon ami se tut. Devant nous s'étendaient les magnifiques lignes des grands horizons de la campagne Romaine. Notre œil, depuis la pyramide de Caüs Sextus jusqu'à la tour de Cécilia Metella, depuis la rotonde d'Antonin-le-

Pieux jusqu'au mausolée d'Adrien, notre œil pouvait suivre tous ces dômes, tous ces clochers, tous ces monuments gigantesques dont les silhouettes sombres se découpaient sur l'azur lumineux du firmament.

— Voyez, me dit le peintre, comptez si vous le pouvez les pierres amoncelées dans cette immense enceinte. Toutes portent avec elles une pensée pieuse et artistique. En est-il de même de toutes celles qui se remuent aujourd'hui avec tant de bruit et de fracas dans les immenses chantiers des deux mondes?

— Mon ami, la plupart de vos idées, lui répondis-je, sont aussi les miennes. Je regrette vivement ces grands siècles écoulés qui nous ont enfanté tant de merveilles avec leur foi et leur immense amour du travail; je regrette ces légions d'artistes qui surgissaient de par tout pour ramasser le pinceau ou le ciseau des mains d'un maître et continuer son œuvre. Cependant je ne vois pas l'avenir aussi triste et aussi sombre que vous. Ce beau passé que je regrette me fait espérer que les grands siècles ne sont pas éteints sans retour.

Il secoua mélancoliquement la tête sans m'interrompre. Je continuai :

— Croyez-moi, malgré son matérialisme, notre époque a des côtés artistiques qui la feront grande dans le jugement des temps à venir. Jamais peut-être la flamme intellectuelle n'a brûlé tant de cerveaux. Chaque jour produit une merveille. Voyez le livre, par exemple...

— Oh! ne mêlez par le livre à tout ceci. Je le sais, jamais l'homme avec les seules ressources de son esprit et de son imagination n'a tant osé et n'a tant accompli que de nos jours. Le livre de ce temps est grand entre tous et jamais littérateurs plus nombreux ne livrèrent à la publicité tant de belles œuvres. Mais la peinture, mais la statuaire sont en arrière. Et ce n'est pas la faute des artistes, c'est la faute du temps qui est mauvais. Devant la toile ou le marbre, l'artiste est en même temps ouvrier ; il fait son œuvre avec son habileté manuelle d'abord ; puis quand la flamme divine l'envahit, jette du feu dans ses veines, cette habileté devient du génie et alors il travaille pour l'immortalité. Eh bien ! à cet ouvrier quand il s'appelle Michel-Ange ou Raphaël, il faut ouvrir les carrières de Saravezza et de Carare et lui permettre d'en disposer en maître ; il faut livrer des pans de de mur gigantesques en lui disant d'y étaler ou l'histoire de Psyché, ou les hauts faits de quelque pape ou le triomphe de Galathée. Aujourd'hui le marbre coute très-cher; personne ne le donne et le pauvre artiste n'a souvent pas l'argent nécessaire pour payer le bloc qui sous sa main deviendrait un chef-d'œuvre. Et quant au pinceau, qui donc aujourd'hui cultive la fresque sublime? qui commande des plafonds pour ses palais?... Je vous le dis, cette indifférence de l'argent pour l'art élevé est la mort de la grande peinture murale; nous en serons bientôt réduits aux toiles de chevalets, comme la statuaire, pour vivre, aux figurines de plâtre!

Ne croyez pas, ajouta le peintre après une pause, que je veuille médire de ces manifestations de l'art. Un chef-d'œuvre n'a pas de dimension. Mais il devrait être permis à tous d'écrire leur grande page. Tous les peintres ont fait des tableaux de chevalet, tous, même cette pieuse génération d'artistes qui s'est succédé au *Campo-Santo* de Pise jusqu'à ce que les quatre murs du cloître aient été épuisés dans toute leur longueur, tous, même ce fougueux Orgagna, dont on ne saurait oublier les terribles figures, quand même on vient de voir celles de Buonarotti.

— Je les connais, lui répondis-je ; et vous avez raison : je ne connais qu'un peintre au monde qui égale Orgagna pour inspirer la terreur, c'ést l'allemand Holbein.

— Eh bien! mon ami, je connais des toiles d'Orgagna qui ne sont pas plus grandes que les tableaux flamands de vos Musées, et ce n'est pas celles que je prise le moins haut.

Maintenant voulez-vous que je vous raconte une anecdote à ce sujet qui court dans nos ateliers?

— Racontez, mon ami ; je vous écouterai jusqu'à demain.

Nous nous promenâmes encore quelques instants en silence ; puis mon jeune peintre reprit la parole en ces termes :

— Orgagna, comme tous les artistes de son temps, était pauvre. Il vivait de peu et travaillait beaucoup. La foi le soutenait. Cependant il avait une nombreuse famille et souvent la gêne la plus absolue était à la maison. Alors sa femme, douce et bonne créature, s'approchait de lui et lui présentait ses enfants qui avaient faim. Orgagna avec sa sérénité habituelle nouait de grosses sandales à ses pieds, prenait sa palette et ses pinceaux et s'acheminait vers la ville. Il habitait un petit village aux environs de Pise.

Un jour, il venait d'achever ses cartons du *Jugement dernier*, auxquels il travaillait depuis longtemps, lorsque sa femme, son dernier-né dans les bras, s'approcha silencieuse pour lui donner le baiser du matin. Orgagna comprit ce silence et ces larmes. Il serra les cartons en paquet, mit dans sa main le bâton ami du voyageur et partit.

L'église aussi était pauvre, et souvent, quand elle commandait ces travaux gigantesques qui font aujourd'hui sa gloire, elle ne savait pas comment elle rétribuerait l'artiste.

Orgagna arrive à Pise, et bientôt il est devant le prêtre auquel il a promis le *Jugement dernier*. C'était un auguste vieillard à la longue barbe blanche, amaigri par les jeûnes et les macérations, mais dont l'œil ardent montrait la haute intelligence.

— Mon père, dit le peintre, voici les cartons que vous m'avez demandés.

— Asseyez-vous, mon fils, reposez-vous; puis nous verrons votre travail.

Quelques instants après les cartons étaient déroulés et le prêtre n'avait pas assez d'éloges à donner à l'artiste. Toutes ces figures si diversement groupées devant le juge suprême et éternel, le Christ vengeur sur sa nue, les anges sonnant du clairon, les chœurs des élus, les groupes des damnés, les prophètes et les sibylles excitaient l'enthousiasme pieux du saint homme, et il les voyait déjà resplendir d'une auréole immortelle sur les murs de son Campo-Santo. Le peintre écoutait ces éloges avec bonheur et il était fier de les avoir mérités. Il ne pensait plus alors à sa femme et à ses enfants qui n'avaient pas de pain, et il reprit la route de son village le cœur joyeux, mais sans argent.

Cependant il avait faim. Depuis la veille il n'avait pas mangé. En passant devant une auberge, son estomac cria si fort qu'il entra et demanda à manger.

L'hotelier était un de ces aubergistes de grand chemin, habitués à reconnaître les gens sur leur mise. Il devina le peintre du precoup-d'œil et en même temps comprit qu'il n'avait pas d'argent, chose fort rare alors. N'importe, il servit à l'artiste un festin de roi ; car une idée, une idée sublime avait subitement germé dans sa tête.

Orgagna oublia tout devant les mets qu'on lui présentait, il oublia même sa femme et ses enfants qui avaient faim et pendant qu'il mangeait, comme un homme à jeun depuis la veille, toutes ses pensés étaient au Campo-Santo et au Jugement dernier.

Vint enfin le terrible quart d'heure qui existait alors comme aujourd'hui, quoique Rabelais ne lui eût point encore donné son gai nom de baptême. Orgagna devint triste après avoir dévoré ce succulent repas; il le devint plus encore quand il vit l'hôtelier s'approcher de lui avec une politesse obséquieuse.

— Votre seigneurie ne désire pas autre chose, demanda l'hôtelier?

— Rien, répondit l'artiste.

Et ce rien fut accompagné d'un soupir étouffé qui ressemblait à un remords.

— C'est qu'il ne faut pas vous gêner ici, continua l'aubergiste. Considérez ma maison comme la vôtre ; et si vous n'avez pas d'argent pour me payer, vous me rendrez un petit service en échange de celui que je vous ai rendu en apaisant votre faim et votre soif.

— Puis-je être assez heureux pour vous rendre un service, mon ami? Parlez, quel qu'il soit, je suis prêt.

— Seigneur, vous êtes peintre?

— Vous le voyez, j'ai mes pinceaux et mes couleurs.

— Eh bien ! il y a longtemps que je désire avoir une enseigne parlante, pour en orner la façade de ma maison. Une enseigne attire toujours les voyageurs.

— S'il ne faut pas autre chose pour vous rendre heureux, vous le serez bientôt.

— Dieu soit loué ! seigneur peintre.

— Mais il me manque une toile; n'avez-vous pas une planche rabotée par là?

— Voilà un tronc d'olivier; mais il faudrait l'équarrir.

— Vite, arrangez-le, et apportez-le-moi.

Quelques instants après, Orgagna, près de la fenêtre, arrangeait les couleurs sur sa palette. En jetant les yeux dans la cour, il aperçut un âne qui broutait un chardon sur le rebord du fossé. C'était une de ces belles et intelligentes bêtes, au poil d'un noir luisant, comme on n'en rencontre qu'en Italie.

—Voilà mon sujet! dit Orgagna, et la planche ayant été apportée, il se mit à l'œuvre avec une ardeur qui doubla les heures, et bientôt son travail fut achevé.

Alors l'artiste se souvint de sa femme et de ses enfants. L'hôtelier était auprès de lui, le remerciant chaudement. Nulle phrase ne pourrait exprimer son bonheur.

— Mon ami, lui dit le peintre, j'ai une femme et des enfants qui ont faim, comme j'avais moi-même quand je suis entré dans votre auberge. Ils vivent de mon travail et habitent dans le village qui touche le vôtre. Ne pourriez-vous pas leur envoyer quelque chose de tout ce qui abonde ici, et je doublerai votre enseigne ?

— Oh ! seigneur peintre, commandez ici, et vous serez obéi.

Et il appela ses domestiques, qui emplirent des paniers de provisions et allèrent consoler la pauvre femme et les enfants qui étaient dans les larmes.

Pendant ce temps, Orgagna avait retourné la planche d'olivier, et il faisait une seconde édition de l'enseigne : *A l'Ane broutant.* L'aubergiste et lui devinrent amis, et depuis lors rien ne manqua plus au ménage de l'artiste.

L'enseigne d'Orgagna a décoré pendant trois siècles la façade de cette auberge de village. Elle y est encore, dit-on ; mais on dit aussi qu'il y a quelques années un de ces Anglais ennuyés, comme on en rencontre partout en Italie, passant par ce village, a vu la vieille peinture. On lui a raconté l'histoire que je viens de vous raconter moi-même. Alors il a voulu posséder à tout prix cette relique vénérable. La famille ne voulait pas s'en dessaisir. Elle considérait son enseigne comme un palladium qui devait préserver éternellement la maison de tout malheur. Mais l'Anglais s'est obstiné. Il était étonné de trouver chez les Italiens une telle résistance aux volontés et aux moyens ordinaires des succès britanniques. Il a offert de couvrir deux fois d'or cette enseigne. Tant de richesse ne luit pas impunément aux yeux des pauvres gens, surtout quand elle se révèle tout-à-coup. On a trouvé un biais, et les héritiers de l'aubergiste hospitalier se sont enrichis en gardant l'*Ane broutant*. On a scié en deux la planche, et pendant que l'Anglais emportait une des deux peintures, l'autre restait toujours pour indiquer le chemin de l'auberge aux voyageurs.

— Voilà mon histoire, ajouta le peintre; maintenant je ne recommencerai pas mes lamentations sur notre temps. Ces anecdotes rassérènent toujours l'esprit aigri. Il se fait tard. Séparons-nous, nous avons beaucoup à voir demain.

— Oui, demain il faut être sur pied à l'aube ; il faut que le carillon de l'*Angelus* matinal nous trouve debout et prêts pour ce grand jour.

Nos mains serrées amicalement furent notre dernier adieu. La ville éternelle dormait depuis longtemps.

IV.

La physiologie d'un simple concierge paraît, au premier abord, une étude de peu d'importance; mais, dans l'optique où notre scène se déroule, les moindres choses prennent de larges proportions. A Saint-Pierre, l'humble hysope a la tige du cèdre, et ce préteur romain qui, selon le vieux proverbe, dédaignait les petits détails, n'aurait pas inventé son *de minimis non curat pretor* vingt siècles après, dans son prétoire du mont Vatican. C'est qu'il y a sur ce coin de terre des leçons de philosophie inconnues aux enseignements du Portique et du cap Sunium, et qui se déduisent des faits sans traverser le labyrinthe ténébreux du raisonnement humain.

Nous sommes au 29 mars, jour de Pâques de l'année 1834. Cent vingt mille étrangers envahissaient Rome. La ville n'avait jamais vu un pareil concours de barbares depuis l'inauguration du théâtre de Marcellus, sous le mont Capitolin.

Mille idiomes se croisaient et choquaient leurs consonnes bruyantes dans les rues, dans les auberges, sur les places, dans les églises. Rome était subitement redevenue la capitale du monde. Toute terre, toute mer, tout fleuve, avait envoyé son représentant à cet immense congrès, et dans cette invasion d'Anglais, de Russes, de Hongrois, d'Allemands, de Bulgares, d'hommes venus de toutes les contrées d'Asie ou d'Amérique, parlant tousles dialectes barbares, il n'y avait qu'une chose rare, le Romain. Les mélodieuses syllabes italiennes résonnaient fort peu aux oreilles du passant, tandis que les sons rauques et gutturaux, les aspirations bruyantes de la Tamise, du Danube, de la Newa, retentissaient de toutes parts. N'eût été le soleil italien qui dardait ses chauds rayons sur nos têtes et les édifices chrétiens que nous avions sous les yeux, j'aurais cru volontiers à une députation de Babel.

Ce même jour, il n'y avait que silence, néant et deuil dans les hôtels et les palais des beaux quartiers de Londres et de Liverpool; nobles millionnaires et millionnaires bourgeois venaient de déserter leurs babylones de carton anglais. L'herbe commençait à poindre à Portland-Place, devant la colonne du duc d'York, ou autour de l'hippodrome de Hyde-Park, sur le seuil des colonnades d'ordre pœstum. Tout ce monde, pour lequel le Pérou a monnayé l'or et l'ennui, était à Rome; il assistait à la Semaine Sainte, et le soleil, qui est trop haut placé pour avoir de petites rancunes, éclairait généreusement l'orgueilleux étalage de voitures exotiques en bruyante circulation depuis la villa Borghèse jusqu'à la place de Venise. Le *Corso* ressemblait au Strand; il ne manquait aux deux extrémités que Temple-Bar et Charing-Cross.

L'observateur, stationné au café *Del Giglio*, à l'angle de la place Antonine. pouvait examiner tous ces voyageurs au lent défilé de leurs calèches découvertes. C'était une succession de figures mélancoliques agitées seulement par 'e roulis des essieux. Le premier rayon du printemps, la fête du ciel et de la ville, la splendeur des grandes perspectives romaines, la tour du Capitole qui regarde le Corso, la vénérable colonne d'Antonin, rien ne donnait un sourire de surprise, une contraction de joie intérieure à ces visages de mathématiciens pétrifiés.

Par intervalles, un anneau de cette chaîne d'attelages se détachait, vers la *Via delle Murate*, pour se perdre dans les profondeurs de la cité des ruines. Ces déserteurs du Corso allaient rendre une visite de cérémonie au Colysée, au temple d'Antonin, à l'arc de Titus, à la colonne de Phocas, à quelque cirque enseveli sous les herbes. Chemin faisant, on ramassait un cicerone endormi devant l'arc de Septime Sévère, et on stipulait un prix, en parlant italien avec les doigts, pour payer convenablement l'explication de trois ruines. Les visiteurs, en rigoureux costume de bal, s'avançaient d'un pied délicat comme des funambules, sur les arêtes de lichen, qui recouvrent une loge de panthère, ou une chaise curule de sénateur; et arrivés sur la terre ferme, ils prenaient avec un dandysme superbe des poses de comte Dorsay, pour écouter le discours italien d'un cicerone qui parle hébreu aux Anglais touristes. Les trois ruines payées, on remontait en calèche devant l'église de Sainte-Françoise, au bout du Forum.

Ces visites sont de bon ton ; aussi aucun sujet britannique n'y manque en parcourant l'Italie. Ils vont à une ruine, comme ils iraient à un raout ou à un club de *gentlemen*. Visiter est un devoir pour eux, mais il n'emporte pas avec lui l'obligation de sentir et de comprendre.

Ce même jour, après avoir rejoint mon ami, le jeune peintre de l'école française, nous prîmes ensemble le chemin des ruines. Il y avait longtemps que nous avions projeté cette excursion. Il est des choses qu'on aime à visiter en certains jours : ainsi les ruines. Il semble qu'alors tout le passé dont elles sont les derniers témoins se réveille tout-à-coup et se dresse devant vous comme une apparition fantastique.

Le cadavre de la Rome antique doit être visité par les chrétiens de notre âge le jour de

Pâques. Il faut que le pied se heurte à ces derniers vestiges d'un monde écroulé, pendant que l'esprit rêve, il faut que l'oreille entende le son lointain de la cloche chrétienne, et que l'image du Dieu ressuscité plane sur cet immense néant.

Puis, le jour de Pâques, pendant que la foule se porte à Saint-Pierre, les ruines sont solitaires et la solitude est amie des grandes pensées.

Or, ce même jour, je rencontrai sur les ruines du Cirque de Romulus, à la lisière gauche de la voie Appia, deux de ces nobles étrangers qui viennent profanément assister à la Semaine Sainte. Il n'y avait point de cicerone avec eux. Ces messieurs lisaient l'inscription latine placée au bout de la *Spina*, et qui annonçait avec emphase que le Cirque de Romulus appartenait au banquier Torlonia, ce qui aurait fort contrarié Romulus s'il avait pu le prévoir.

L'un de ces étrangers me fit l'honneur de s'approcher de moi, et m'adressa cette brusque question, sans préambule aucun :

— Qu'est-ce que c'est, ça ?

— Ça, lui répondis-je, c'est le Cirque de Torlonia.

— Écrivez : Cirque de Torlonia, dit-il à l'autre qui avait une mine de secrétaire ; et, se retournant vers moi, il ajouta :

— Qu'est-ce que c'était, Torlonia, un ancêtre du banquier ?

— Un consul romain.

— Écrivez : consul romain... A quoi servait ce Cirque ?

— A des courses de chevaux, comme celles de New-Market et d'Epsom.

— Ah!.. Et qu'est-ce que ces voûtes noires?

— Elles servaient d'abri contre le soleil aux parieurs.

— Très-bien!... On pariait beaucoup?

— Cinq *sesterces*, cent livres sterling.

— Le *sesterce* valait donc?

— Vingt livres.

— Écrivez la valeur du sesterce... Monsieur, je suis très-content.

Et, sans autre remerciement, il ouvrit son *desk*, en tira un petit marteau, cassa un morceau de marbre de la *Spina*, enveloppa de papier la relique et la serra précieusement.

Je restai longtemps dans le Cirque de Romulus, en me donnant des airs d'antiquaire érudit pour exciter de nouvelles interpellations britanniques. Le jeune peintre riait bruyamment de ma patience et m'assurait que c'était fini. Il connaissait les Anglais mieux que moi. Le *genteleman,* après avoir traversé le Cirque dans toute sa longueur dit quelques mots impératifs à son secrétaire, et presqu'aussitôt je vis s'approcher l'élégant attelage qui les emporta vers la ville.

J'ai passé bien des fois devant le Cirque de Romulus, et je n'ai jamais vu que ces deux étrangers; c'étaient les plus érudits, entre leurs cent mille compagnons de voyage.

Cette rencontre rendait ma promenade aux ruines impossible. Tant de grotesque chasse promptement les idées sérieuses. D'ailleurs nous avions perdu un temps précieux et nous aussi nous étions appelés à Rome.

Mon ami me quitta sur la place de Saint-

Pierre, pendant que j'entrai dans la basilique pour ma visite quotidienne.

En arrivant chez mon vieux concierge, je lui parlai de la fastueuse inscription de M. Torlonia; il me répondit d'abord par ce sourire habituel dont il accablait, avec bienveillance, toutes les choses de ce bas monde; puis il ajouta :

— Je ne connais pas cette inscription, par deux raisons: je n'ai jamais vu le Cirque de Romulus, et je me soucie fort peu des inscriptions profanes. Rome est, dit-on, remplie d'inscriptions magnifiques, composées par les souverains pontifes; mon ami Mateo les sait toutes par cœur, et c'est par lui que je les ai apprises dans nos entretiens de Pâques et de Noël.

Les papes ont mis un juste orgueil à signer de leurs noms tout monument élevé de leurs mains, quelle que fût l'importance de ce monument. Le même pontife qui écrivait l'admirable *Christus regnat* sur l'obélisque de Fontana ne dédaignait pas d'abaisser sa truelle d'or sur la plus obscure des fontaines de Rome, et d'y graver ces deux mots charmants : *Sitientis providentia*. Paul Borghèse, qui a eu l'honneur éternel de mettre son nom sur la façade de notre basilique de Saint-Pierre a gravé son chiffre sur une simple borne, de l'autre côté de la ville, à la limite du camp prétorien. Les inscriptions sont des voix harmonieuses qui parlent à l'oreille et à l'âme du voyageur ; je veux vous en en citer une que je regarde comme la plus étonnante de toutes, plutôt encore à cause de son esprit que de sa lettre... Avez-vous visité le Colysée dans tous ses détails ?

— Oui, du moins je le crois.

— A l'extérieur et à l'intérieur?

— Oui.

— Vous l'avez mal visité, puisque vous parlez ainsi.

— C'est fort possible. Depuis que je vous connais, je ne suis plus sûr de rien, et je me garderais bien d'affirmer.

Le vieux concierge sourit avec sa bienveillance habituelle et continua sa phrase commencée :

— Quant à moi, je n'ai vu le Colysée que du haut du dôme de Saint-Pierre, mais mon ami Mateo l'a examiné de près pour moi, et c'est comme si je l'avais vu. Au reste, cela ne fait rien à l'affaire. Vous savez (j'ignorais encore cela) que sous le pontificat de Clément XI, le Colysée menaçait ruine dans la partie de ses murs qui regarde Saint-Jean-de-Latran.....

— Ah! c'est précisément le côté que je n'ai pas visité, lui dis-je en l'interrompant; il y a trop de broussailles...

— Et de lézards, comme dit Mateo, poursuivit-il en riant; vous aimez les ruines, mais vous craignez les lézards.....

Les architectes *San-Piétrini* envoyés sur les lieux, reconnurent le danger du monument, et opinèrent pour un prompt remède : mais le remède coûtait fort cher; et le Vatican n'était pas fort riche, ce qui lui arrive souvent. Il s'agissait d'élever en talus, sur une base énorme, un mur de briques, comme un gigantesque bras de soutien. Le pontife pourtant ne balança pas; il ouvrit sa caisse, et commanda les travaux. Cette décision excita quelques murmures dans Rome; on disait, parmi le peuple, que le Saint-Père ne devait pas employer l'épargne de l'Église à soutenir un monument païen, sous prétexte qu'il s'écroulait. Chaque matin, on trouvait des sonnets épigrammatiques sur les statues de Pasquin et de Marforio, ces deux gazettes de notre ville. Le Saint-Père comprit tout ce qu'il y avait de juste, dans la plainte populaire, mais il avait, comme tous les Papes éclairés, ou pour mieux dire, comme tous les Papes, il avait la passion des beaux-arts, et il trouva un moyen de tout concilier, par un subterfuge sublime. L'inscription du mur de soutènement disait donc au peuple : *Ce Colysée des païens, arrosé du sang des martyrs, tombait en ruines, et le Souverain-Pontife vient en aide à ses murs croulants, afin que la mémoire des martyrs ne périsse point ; ne martyrum occumbat memoria.* Le peuple lut et applaudit... Allez voir, monsieur, cette inscription demain.

— Que cela est grand et beau ! m'écriai-je ; il n'y a qu'un artiste du Vatican qui puisse trouver cela ! j'irai lire cette inscription aujourd'hui-même.

— Oui, ajouta le concierge, en me serrant la main, oui, monsieur, vous avez raison, cela est grand et beau, cela est sublime. Ces pensées ne viennent qu'à ceux dont l'esprit est sans cesse au-dessus du vulgaire. Demain, nous en reparlerons, avec Mateo. Aujourd'hui, la fête de Pâques me prend tous mes loisirs ; et je pense que vous êtes bien aise d'aller voir, comme moi, ce qui va se passer sur le parvis de Saint-Pierre.

Visitez l'inscription demain matin. Voyez-la de vos yeux. Puisque vous voyagez pour vous instruire, il faut voir tout ce qui mérite d'être vu, et, malgré ses merveilles, Rome, dans ses plus humbles coins, pourra vous montrer encore des choses qui mettront votre esprit dans le ravissement.

Je sortis de cette nouvelle entrevue avec l'heureux vieillard, encore plus ravi que des deux précédentes. Je traversai la basilique le front pensif, et bientôt je me trouvai sur la place de Saint-Pierre.

Toutes les nouvelles réflexions que cette visite au vieux concierge devaient m'inspirer, surtout après ma bizarre rencontre au Cirque de Romulus, furent supprimées par le spectacle inouï que la place de Saint-Pierre offrait en ce moment.

Sur le grand escalier du Vatican les hallebardiers arboraient l'étendard pontifical salué par l'artillerie du château Saint-Ange ; cent mille têtes nues s'inclinaient devant la basilique, et du haut du balcon de Saint-Pierre, un vieillard, le front ceint d'une mitre de laine blanche, bénissait la ville et le monde, sous le même ciel qui éclaira la défaite de Maxence, au feu du *Labarum* de Constantin. Cette bénédiction est une des plus imposantes choses qu'il soit donné à l'homme de voir. Le Souverain-Pontife se tourne successivement vers les quatre points de l'horizon, et prie longuement pour les nations du Septentrion et du Midi, de l'Orient et du Couchant. Les prières les plus touchantes de la liturgie romaine sont ensuite résumées par quatre gestes sublimes. L'auguste vieillard a imposé les mains à l'univers.

Cette foule resta longtemps immobile

sous les solennelles impressions de ce moment qui résume dix-huit siècles; puis elle se divisa lentement avec des ondulations contrariées; les uns montèrent les escaliers de la basilique ou se dirigèrent vers la chapelle Sixtine; les autres se répandirent sous les deux colonnades et s'assirent sur les dalles pour voir la *luminara*. Une masse compacte garda obstinément le terrain autour de l'obélisque et des fontaines, avec cette patience que montre partout le peuple, quand il attend une fête ou qu'il veut en jouir jusqu'à la fin. Les opulents étrangers de Londres et de Moscou, adossés aux soubassements des colonnades, n'avaient pas quitté leurs voitures qui, de loin, dans cette vaste place, ressemblaient à des jouets d'enfants accrochés à un étalage forain. Ils attendaient, eux aussi, l'heure du spectacle, mais commodément assis dans leurs calèches comme dans les fauteuils d'une loge de théâtre. Ils s'étaient, en outre, approvisionnés de tout ce qui pourrait calmer les ennuis de l'attente. Les trois coffres de leurs voitures regorgaient de comestibles et de boissons de toute espèce, et ils prenaient leur repas sur la place de Saint-Pierre comme dans un salon de restaurant.

Cette multitude d'hommes entassés autour des fontaines et de l'obélisque avait un caractère particulier de physionomie et d'animation. La place Louis XV, un soir de feu d'artifice, ne serait que la silhouette sombre de cet immense et radieux tableau. Il y avait, par milliers, des groupes de religieux, de pèlerins, de prêtres, de paysans, d'abbés, de séminaristes, de mariniers, de joueurs de corne-

muse, de bergers de Tibur, de mendiants
transtéverins, de soldats en congé, tous
joyeux et pauvres, tous heureux de voir la *luminara,* cette incomparable merveille qui a
été, disent-ils, inventée au ciel.

Le soir approchant, une curiosité soudaine
fit onduler toutes les têtes et lever toutes les
mains. Le peuple aérien des *San-Pietrini* appa-
rut sur toutes les crêtes monumentales du Vatican et de la basilique, pour préparer l'illumination. On se montrait surtout ceux qui
escaladaient la croix de la coupole, et qui ressemblaient à des points noirs s'agitant sur l'a-
zur tendre du ciel.

Au reste, nul tumulte. La patience est une
vertu romaine. Au jour avait succédé le cré-
puscule de printemps ; mais l'obscurité n'était
pas assez grande encore,

La nuit tomba enfin, et un cri d'enthousiasme, formé de cent mille syllabes italiennes, salua la subite explosion de la *luminara*. On eût dit que le rayon de la première étoile venait d'embraser, à la fois, les corniches des colonnades, la basilique et la coupole de Michel-Ange, transformée en soleil. Cette colossale chevelure de flamme hérissée au front du monument, éclaire comme un incendie la ville et la campagne jusqu'au lendemain. Le jour de Pâques n'a point de nuit.

Jamais plus magnifique illumination n'a brillé sur un monument et sur une ville. Le colosse de marbre semble frémir en agitant toutes ses flammes et, en voyant ce spectacle inouï, on comprend l'enthousiasme qu'il excite toujours chez le peuple romain. Quant aux étrangers qui en ont entendu parler dans les nobles salons du West-End et de Pétersbourg, je comprends moins leur obstination à vouloir assister à la *luminara* sur la place même de la grande basilique. Vue des collines voisines, cette illumination gigantesque doit être d'un effet prodigieux, et s'il y avait moins de foule sur la place on éviterait un inconvénient que je vais signaler.

Car voici maintenant un écueil que je marque d'un point sur la carte du voyageur, à la date du soir de la *luminara*. Un jour, peut-être, quelque compatriote me saura gré de mon avertissement.

Vers neuf heures du soir, deux armées se mirent en marche, l'une pour rentrer à Rome après avoir joui du spectacle de la *luminara*, l'autre pour sortir de Rome, afin de voir la merveilleuse illumination sur la place de

Saint-Pierre. Ces deux fleuves humains devaient se rencontrer sur un seul point fort étroit, le pont Saint-Ange, bâti par l'empereur Adrien devant le môle qui fut son tombeau.

L'expérience de la vie parisienne m'avait appris à connaître et à redouter le formidable mécanisme de la foule, dans une nuit de fête. Aussi, arrivé au bout de la rue de *Borgo-Nuovo* je fis une tentative pour gagner la rive droite du Tibre, et le Pont-Sixte, au pied du Janicule. Le détour était immense, mais plein de sécurité. Malheureusement, il fallut obéir à la force invincible du flot populaire, qui n'était point une métaphore oratoire, ce soir-là. Les pieds ne servaient plus ; on ne marchait pas, on roulait. A chaque instant, le lit de notre foule se rétrécissait entre les murs du château Saint-Ange et le parapet du Tibre. La vague, dont je faisais partie, lourdement soulevée par l'impétuosité du courant, retomba sur le pont d'Adrien, et n'avança plus, comme si une écluse d'airain se fût dressée devant nous. C'était la ville entière, arrivant de l'autre côté du pont, avec cette insouciance superbe qui distingue les foules de tous les pays, avant la révélation du danger. Bientôt des hurlements de femmes, mêlés à des imprécations viriles, retentirent sur le pont; les plus agiles s'élançaient, d'épaules en épaules, sur les rampes, et se précipitaient dans le Tibre, grossi par la fonte des neiges du Soracte ; d'autres se cramponnaient aux statues colossales des Anges, comme des naufragés, échappés de la mer, embrassant la cime des écueils.

J'avoue que, dans ce moment suprême, j'oubliai ma vénération pour l'empereur

Adrien, et que je le vouai aux dieux infernaux. Par quelle étrange lésinerie ce prodigieux Adrien a-t-il bâti un pont si étroit, devant son môle si large! A cette époque de barbarie, où les conseils municipaux ne gardaient pas les deniers des contribuables, et les leurs, pourquoi n'a-t-on pas fait quatre ponts au lieu d'un, ou un pont grand comme quatre, sur le chemin que Rome entière devait parcourir pour mener le deuil de son empereur Adrien?

Ces réflexions historiques me furent d'un grand secours; elles firent une diversion heureuse avec les tristes pensées du moment.

N'ayant plus que la liberté de mes yeux, je me mis à regarder le tombeau d'Adrien. Cette masse prodigieuse, rougie par l'illumination de Saint-Pierre, ressemblait, avec sa berse sombre, à un bastion de l'enfer. On distinguait, au sommet de ce sombre édifice, une sentinelle appuyée sur son fusil, et regardant, comme Lucrèce, du haut de sa sécurité douce, les souffrances des malheureux.

La Providence, cette mère de Rome, envoya tout-à-coup à la tête du pont un détachement de cavaliers pontificaux, qui manœuvrèrent avec leur intelligence de vieux soldats, et prévinrent une catastrophe, déjà regardée comme inévitable : ils barrèrent le passage du pont, du côté de la ville, et régularisèrent une lente circulation sur un seul point, du côté du château Saint-Ange. Au même instant, un murmure de joie courut sur le pont; toutes les poitrines respirèrent ; l'écluse venait de tomber : on n'avançait encore qu'avec des mouvements imperceptibles, mais on avançait.

Le pont semblait se perpétuer avec une élasticité magique ; le Tibre semblait s'élargir comme une mer ; les douze statues d'anges qui bordent les rampes paraissaient plus nombreuses que deux légions de séraphins. Ce fut pour nous tous une éternité d'un moment.

Enfin, nous respirâmes avec délices la fumée oléagineuse, qui sort des boutiques des *fregitori* de la *via Torrione*, de l'autre côté du Tibre. Horatius Coclès fut bien plus heureux que nous sur le pont Sublicius ; il n'avait qu'une armée devant lui, et derrière, personne : pourtant son nom est immortel.

Tout voyageur échappé aux écluses du pont Saint-Ange, doit courir au Monte-Pincio pour revoir de loin cette *luminara* qu'il a vue de près ; mais il se gardera bien de suivre l'interminable rue qui conduit du pont à la place d'Espagne par une ligne tirée au cordeau. Là aussi, on rencontre de mortels embarras de foule. Il faut prendre le chemin le plus long, ce sera le plus court.

Moi, qui ai le bonheur de connaître la topographie de Rome ancienne et nouvelle, comme la Cité Bergère à Paris, et qui serais aussi peu embarrassé de conduire Virgile du portique d'Octavie aux jardins de Salluste que d'accompagner M. Rossi du café *di Greco* à l'hôtel de Frantz, je n'hésitai pas sur le chemin que j'avais à prendre pour éviter la recrudescence du fléau de la foule.

Je me jetai dans les solitudes de la *via Dei Coronari*, et, arrivé à la hauteur de l'église Saint-Augustin, je pris la *via Agonale*, je traversai la place Navone, et tombant sur le

*Corso*, je le remontai jusqu'à *via Condotta*, sous la Trinité-du-Mont.

Que le désert est doux quand on vient d'échapper à l'étau de la foule ! Il n'y avait pas l'ombre d'un Romain ou d'un Anglais sur le Monte-Pincio. La nuit était exquise à respirer dans les parfums des jardins de Borghèse ; les grands arbres de la villa Médicis secouaient leurs premières feuilles d'avril ; la pleine lune montait sur le mont Soracte, et semblait pâlir de surprise en regardant le nocturne soleil de la *luminara* levé sur l'autre horizon romain.

A la villa Médicis je retrouvai mon compagnon ordinaire des nuits. Plus familiarisé que moi avec les mœurs de la Rome moderne, il n'avait pas quitté, pour jouir du spectacle merveilleux de la *luminara*, les jardins de l'École Française et m'attendait, mollement étendu sur un banc de gazon. Je lui demandai quelques instants de repos; après quoi, nous reprîmes le cours de nos nocturnes expéditions.

V.

Nous nous promenions souvent ainsi dans les rues de Rome jusqu'à une heure fort avancée de la nuit. Quand le sommeil ne vous force point à regagner le gîte, nulle ville n'est, comme la capitale de la chrétienté, favorable à ces excursions nocturnes. Là, toute pierre est un souvenir du monde ancien ou du monde nouveau ; souvent les deux se confondent. Là toute pierre ressemble à cette grande voix qui parle dans le désert et prodigue inutilement à la foule indifférente qui passe ses plus graves enseignements. Pour moi s'explique ainsi d'une façon simple et naturelle, cette prédilection qu'ont toujours eue pour la ville éternelle ces illustres infortunes qui, à l'heure où s'écroulent les trônes et les dynasties, prennent la route de l'exil. Je comprenais Christine dépouillant son front de la couronne de Gustave-Adolphe et se réfugiant à Rome ; je comprenais surtout cette auguste femme qui, après avoir porté dans ses flancs le héros des temps modernes, vint, après des catastrophes inouïes, à l'ombre du Capitole et du Vatican, ensevelir

sa vieillesse flétrie et attendre dans la solitude
et la résignation que la mort la touchât de son
aile impitoyable. Tant que j'ai habité Rome,
je n'ai jamais manqué un seul soir de venir aux
heures où toute la ville était endormie con-
templer la fenêtre de ce palais où brillait la
lampe qui gardait le sommeil de la mère de
l'empereur. Plusieurs fois il m'a été donné de
franchir le seuil de cette antique maison des
Rinuccini ; une émotion nouvelle m'attendait chaque jour quand je montais l'escalier de marbre, chaque nuit quand j'allais
au rendez-vous que je m'étais assigné. De tous
les enseignements de Rome celui-ci n'était
pas le moins grand et je ne sais pourquoi une
vague pensée d'espérance faisait avec violence
battre mon cœur dans ma poitrine devant
cette humble veilleuse, dans ce palais muet

comme une tombe! Un jour, cette atmosphère limpide qui au retour du printemps sème tant de vie dans les horizons romains, nous avait fait prolonger fort avant dans la nuit nos promenades ordinaires, et nous nous trouvions dans la petite rue Saint-Théodore. Mon ami me dit brusquement :

— Aimez-vous les toiles de Salvator Rosa?

— J'admire, répondis-je, la fougue puissante de ce maître, seul de son école en Italie, qui ne procède de personne et ne laisse aucun disciple après lui. Ses paysages sont dignes de la grande nature qu'il a vue de près avant de la prendre pour modèle; dans ses batailles, les charges de cavalerie saisissent et épouvantent. On l'admire avec effroi; mais je crois qu'on ne peut l'aimer.

— Vous m'avez répondu en artiste, j'attendais une parole de poète ou de philosophe.

— Que voulez-vous que je vous dise alors ? Cet homme m'étonne dans ses œuvres, comme dans sa vie. Les unes reflètent l'autre. Partout on sent la puissance du génie...

— Tenez, n'allons pas plus loin. Si je vous ai interrogé sur le maître napolitain, c'est que nous sommes devant une maison où il s'est reposé souvent pendant le plus long séjour qu'il ait fait à Rome. Voyez d'ici cette pauvre habitation, construite avec un pan de quelque ruine antique sans nom; là, s'est passé un drame terrible auquel Salvator Rosa se trouva mêlé assez étrangement. Vous devez aimer les histoires, même quand elles sont authentiques. Voulez-vous entendre celle-ci ?

— Volontiers. Tout ce qui touche à l'art et

aux artistes m'est cher. C'est la seule histoire qu'on devrait écrire.

Nous trouvâmes à quelques pas de là une fontaine ombragée de deux arbres, qui déjà se couvraient de feuilles ; tout autour régnait un banc de gazon sur lequel nous nous couchâmes, contemplant les étoiles, et mon oreille attentive recueillit les paroles de mon ami.

Alors il me raconta cette histoire que je raconte à mon tour.

Un jour Salvator Rosa, toujours amoureux de courses vagabondes, toujours en quête d'aventures, se dirigeait vers le Vélabre et le Campo Vaccino, marchant au hasard et capricieusement selon sa coutume, lorsque, arrivé à la hauteur de la rue Saint-Théodore où nous nous trouvons, il s'arrêta brusquement. Des cris de femme sortaient de la maison que je vous ai montrée, et l'oreille du peintre distingua confusément ces mots :

— A l'aide! au secours! il m'égorge! je vais mourir!

Il y a dans le cri d'une femme en détresse un accent qui fera toujours vibrer les cordes les plus intimes du cœur. A ce cri, l'âme la moins ferme se sent brave tout-à-coup et prête à affronter tous les périls. Salvator Rosa n'en était pas à son coup d'essai en ce genre, et sa main était aussi prompte et aussi habile à saisir l'épée que le pinceau. Il s'élança donc pour ainsi parler instinctivement vers la maison d'où partaient les cris. Sur le point d'en franchir le seuil, il fut violemment bousculé par un homme qui sortait précipitamment en ramassant les plis d'un manteau dans lequel il s'enveloppa. Salvator courut après cet homme, et le saisissant par le bras :

— Misérable, qu'as-tu fait? lui cria-t-il, quel crime as-tu commis? parle ou dégaîne.

— Entre et tu le sauras, répondit l'étranger.

Et d'un bras vigoureux, il se débarrassa de l'étreinte puissante du peintre; puis il descendit d'un pas grave et ferme la rue Saint-Théodore sans se retourner pour voir ce qui se passait derrière lui. Un instant, Salvator eut l'idée de le suivre; mais regardant vers la maison, il entendit encore comme un rugissement. Cela décida son irrésolution.

— Par ma foi ! voilà un rude gaillard et une aventure qui ne commence pas mal!

Salvator était, comme l'étranger, drapé dans un ample manteau qui lui enveloppait tout le corps. Il affectionnait ce vêtement royal qui convenait admirablement à sa haute stature. Mais s'il eût fait jour, il aurait pu remarquer qu'autant le sien était riche et somptueux, autant celui de l'étranger était pauvre et délabré. Cependant l'œil du peintre n'avait pu se tromper, tant la démarche de l'homme qui fuyait révélait un gentilhomme.

En retournant vers la maison dont la porte était restée ouverte, l'artiste entendit ces mots :

— Les misérables ! les lâches ! ils l'ont laissé échapper, comme si je ne les avais pas payés !

Il n'y avait pas à s'y tromper, c'était la même voix qui appelait à l'aide quelques minutes auparavant. Salvator Rosa entra d'un pas résolu et guidé par la lueur qui s'échappait d'une pièce reculée, il s'avança dans la maison. Au bruit de ses pas, une femme était accourue sur le seuil de cet appartement, et voyant un manteau dans l'ombre :

— Dieu soit loué! s'écria-t-elle. Il revient, il ne m'échappera pas!

Et elle allait s'élancer, le stylet à la main, sur l'artiste, lorsque celui-ci avec son accent napolitain :

— Arrête, lui dit-il ; ce n'est pas l'autre, c'est moi!

A cette voix, la femme recula, et Salvator Rosa se trouva bientôt dans la lumière que donnait une de ces lampes en cuivre, à trois becs, comme on les faisait dans ce temps, et qui était accrochée au plafond par trois chaînettes de fer. La femme que l'artiste avait devant lui était admirablement belle, de cette beauté méridionale où la régularité des traits est rehaussée par la brune et mate pâleur du teint. Le coureur d'aventures disparut aussitôt dans Salvator Rosa. Malgré lui, sa main alla chercher sur sa tête le feutre à long panache qui la couvrait, et, quand il fut tête nue, s'inclinant avec respect devant la femme, il était prêt à murmurer un compliment, quand celle-ci lui dit :

— Seigneur, qui êtes-vous ? et à quel heureux hasard dois-je l'honneur de votre présence ?

— Madame, répondit Salvator, je suis peintre, et si j'avais cru rencontrer ce soir sur mon chemin un visage aussi beau que le vôtre, je ne serais sorti qu'avec mes crayons, afin de le peindre en passant.

— Eh bien ! seigneur peintre, qu'à cela ne

tienne ; dites-moi votre nom, le lieu où se trouve votre atelier, et si mon visage convient à vos pinceaux, vous le peindrez.

— Mon nom peut-être ne vous est pas connu ; je suis Salvator Rosa.

— Comment ! c'est vous le Napolitain Salvator ?

— Pour vous servir, belle dame ; de mon pinceau ou de mon épée.

— Oui, vous maniez, je le sais, aussi bien l'un que l'autre. Ce n'est point un joujou que vous portez suspendu à cette ceinture. Mais pour réclamer que cette épée sorte du fourreau, il faut être autre chose que la première venue, qu'une pauvre fille de la rue Saint-Théodore.

— Détrompez-vous, madame ; et, s'il vous faut ne vous rien cacher, je suis entré dans cette maison attiré par les cris de détresse d'une femme, prêt à donner ma vie pour celle qui réclamait mon aide.

— Ainsi, seigneur, vous savez ce qui vient de se passer ici, à l'instant ?

— Je ne sais rien, madame, et j'attends, pour vous servir, que vous m'instruisiez.

— N'avez-vous pas vu sortir de cette maison un homme, laissant ouverte la porte par laquelle vous êtes entré, un homme à la démarche hautaine et qui porte le cœur le plus vil sous son blason de vieux gentilhomme romain? gentilhomme dégénéré!...

— Je l'ai vu, madame, et j'ai presque été sur le point de l'arrêter.

— Que ne l'avez-vous fait, Salvator? Et toute ma reconnaissance eût été à vous.

En disant ces mots, les yeux de la pauvre

femme étaient si pleins de feu que la figure en était comme inondée de rayons. La pâleur mate avait disparu pour faire place à un vif incarnat; on voyait que le sang battait plus vite dans les artères et remontait violemment du cœur à la tête. En même temps, la jeune femme accompagnait ses paroles de gestes véhéments qui trahissaient l'impétuosité et la résolution de son caractère. Ignorant et du nom et de la qualité de celle qui lui parlait et des motifs qui guidaient sa conduite, Salvator Rosa ne savait trop que répondre pour ne pas s'engager trop avant dans une affaire qu'il ne connaissait pas et n'être pas obligé de montrer des actions au-dessous du langage. Heureusement pour lui, la jeune femme emportée par la passion ne remarqua pas son silence, et reprenant :

— Au reste, qu'importe qu'il m'ait échappé aujourd'hui? Qu'il s'endorme encore une fois dans sa fausse sécurité, et le piége que je lui tendrai sera plus sûr et ne craindra pas de rater au moment de l'exécution. Alors il verra si les femmes sont aussi oublieuses que les hommes quand il s'agit des devoirs sacrés de la famille, il verra si l'on peut se jouer impunément de nous!

— Madame, dit Salvator, il y a quelques instants que j'écoute sans oser vous répondre. Mon esprit cherche en vain à comprendre vos paroles. Elles ont un sens caché qui me fuit.

— C'est vrai, seigneur peintre, vous n'êtes pas familier avec nos histoires intérieures. Vous ne serez guère mieux instruit quand vous saurez que l'homme auquel vous avez permis la fuite, ce soir, est le comte Pietro

Frangipani, fils d'Orlando Frangipani, et que moi je suis l'Espagnole Pepita.

— J'avoue à ma honte, madame, que mon ignorance est encore complète.

— Eh bien! écoutez, Salvator. Vous aimez, je le sais, les histoires étranges. Puisque vous êtes accouru aux cris que j'ai poussés tantôt quand j'ai voulu arrêter cet homme, vous êtes digne de connaître nos secrets de famille. Je vous l'ai dit : Je suis Pepita l'Espagnole. Ce nom ne vous dit rien, n'est-ce pas?

Salvator Rosa fit un signe de tête négatif et l'Espagnole continua :

— Vous ignorez que Pepita est la fille du marquis de Moncade. Mon père vint à Rome, appelé par un cardinal de ses amis, il y a une trentaine d'années environ. Ce qu'il y venait faire, je ne vous le dirai pas. Sans doute, comme la plupart des gentilshommes de son pays, il avait pour principale fortune sa cape et son épée, et il vint à Rome seul, comme les Castillans étaient venus en nombre à Naples d'où vous les avez chassés une fois, seigneur Salvator, je le sais. Toujours est-il que mon père se servait de son épée avec une habileté que jalousaient tous les seigneurs romains. Mais nul n'osait manifester devant lui cette jalousie. Il vivait paisible et honoré dans l'amitié de son cardinal, lorsque l'amour se mit de la partie. Mon père vit la belle Giuditta Orsini et perdit le repos jusqu'à ce qu'il eût donné son nom à la jeune Italienne. Un an après ce mariage, mon père avait un fils; c'est de la naissance de cet enfant que datent les malheurs de famille, qui ont rempli mon âme de fiel et ont donné à ma vie pour passion dominante la haine.

Ces paroles dites, Pepita s'arrêta un instant, comme pour reprendre haleine. Assis devant elle, le grand artiste la contemplait avec un œil plein de tendresse et d'ardeur. Salvator Rosa ne pouvait se trouver impunément placé ainsi devant une femme jeune, belle et romanesque. Son cœur, facilement ouvert à toutes les passions, se laissait séduire par les influences attractives de la situation bizarre où il s'était mis. Quand Pepita reprit la parole, Salvator eût volontiers juré qu'il en était éperdument amoureux.

— Mon frère Gaston grandissait chaque jour. Deux années après lui, j'étais venue au monde; mais si je mentionne ici ma naissance, c'est pour n'avoir pas à y revenir plus tard. Gaston promettait d'être l'image de mon père, avec une beauté de visage plus parfaite encore, si cela était possible. A quinze ans, c'était déjà un cavalier accompli. Or, ce que je ne vous ai pas dit, mais ce que vous savez sans doute, c'est que depuis plus d'un siècle la famille des Orsini et celle des Frangipani sont en guerre déclarée. Mais, malgré la haine qui était toujours vivace au cœur des deux familles, vingt ans au moins s'étaient écoulés sans que leur histoire eût conquis une nouvelle page sanglante. Tout-à-coup mon frère Gaston disparut, et trois jours après, on trouva son cadavre sanglant et mutilé au milieu de la place Antonine. Les Frangipani nièrent avoir commis ce meurtre. Mais qui donc pouvait avoir intérêt à tuer et à mutiler un enfant ?... Mon père n'avait jamais voulu se mêler de ces haines de familles romaines, il tenait trop encore à sa nationalité espagnole. Dans plusieurs circonstances même, il avait fait assurer les Frangipani de sa parfaite neutralité. Soins et précautions inutiles! Aussi, à la mort de mon frère, son juste ressentiment ne connut plus de bornes. Il jura qu'il tirerait une vengeance terrible de cet acte odieux de perfidie, et il a fidèlement tenu son serment. Il a poursuivi les Frangipani dans leurs personnes et dans leurs biens. Il les a ruinés, il les a exterminés. Pietro, le seul qui reste, était trop jeune pour que l'épée de mon père l'atteignît. Mais depuis plus de quinze ans, il erre proscrit et sans asile, souvent sans savoir où et comment il apaisera la faim et la soif qui le tourmentent, et il n'a pas encore atteint sa vingt-cinquième année!.... Ce que mon père n'a pu accomplir, c'est à moi de le faire. Aujourd'hui j'avais attiré Pietro dans un piége; j'avais payé des sbires pour me débarrasser de lui. Ils ont pris mon argent et l'ont laissé fuir. Mais la guerre n'est que commencée. Dites, seigneur peintre, ma vengeance n'est-elle pas légitime ?....

Salvator Rosa avait écouté cette longue histoire l'esprit et le cœur en proie à des sentiments divers. Dès le premier aspect, la beauté de la jeune femme avait fait une impression profonde sur l'artiste. L'ardent regard qui jaillissait de la noire prunelle de l'Espagnole avait trouvé le chemin de ces fibres intérieures qui sont le siége des sympathies et des antipathies. D'un autre côté, ces haines violentes qui se transmettent de générations en générations dans les familles méridionales avaient un écho dans son âme ouverte à toutes les passions véhémentes. Son sang napolitain bouillonnait à l'idée de ce bel adolescent traîtreusement mis à mort à la fleur de l'âge, et il approuvait la terrible vengeance qu'avait tirée de ce forfait un père irrité. Cependant quand la réflexion venait, une idée de doute surgissait sans cesse, malgré lui, obstinée à revenir dans son esprit: peut-être, se disait-il, les Frangipani n'ont-ils pas commis le crime dont se plaint la fille du marquis de Moncade; et alors Pietro a raison de revenir; il serait temps de faire cesser une lutte qui n'a déjà frappé que trop de victimes. Car c'est une chose remarquable que l'esprit de justice apporté de tout temps dans ces guerres intestines, qui ne sont, après tout, que des sauvegardes personnelles, là où les lois ne savent point en apporter. — C'est sous l'empire de ces idées que Salvator répondit :

— A votre tour, écoutez-moi, Pepita, dit l'artiste, et, quelles que soient mes paroles, veuillez ne pas m'interrompre, comme j'ai fait moi-même tant que vous m'avez fait l'honneur de me parler.

— Je vous écoute, seigneur, et quelle qu'elle soit, soyez assuré que votre parole sera écoutée avec déférence.

— Vous m'avez raconté, reprit l'artiste après une pause, une histoire qui est celle de beaucoup de familles italiennes de notre temps où chacun est obligé de se faire justice; car autrement le sang versé n'obtiendrait jamais en réparation le sang qui lui est dû. Mais dans ce que vous m'avez dit, il y a un point qui me paraît encore quelque peu entaché d'obscurité et c'est celui qu'il faudrait avant tout éclaircir.

— Lequel, seigneur peintre? dites, que je lève promptement votre doute.

— Je crois que ce n'est pas en votre pouvoir, madame. Habitué comme je le suis à une vie vagabonde, j'ai des moyens prompts et sûrs et qui ne sont qu'à moi, d'arriver à la connaissance vraie et exacte de ce que je désire savoir. A l'instant je vais me mettre en campagne pour être renseigné sur ce qui vous touche.

— Et ne puis-je savoir quel est le point de mon récit qui exige ces éclaircissements?

— S'il faut vous le dire, Pepita, je veux être assuré de la main qui a frappé le jeune Gaston de Moncade.

— Douteriez-vous, seigneur Salvator, que le coup ne soit parti des Frangipani?

— Aujourd'hui, je ne puis, madame, nier ni affirmer ; je ne puis même dire que je doute, je suis incertain et ignorant, voilà tout. Mais ayez foi en ma parole et je ne l'ai jamais donnée en vain ; avant qu'il soit trois jours je saurai tout ce que je désire savoir, tout ce que vous ignorez vous-même. Alors si vous le permettez, à cette même heure de la nuit, j'aurai l'honneur de vous revoir.

— Faites à votre convenance, artiste, et tant qu'il vous plaira de visiter Pepita, vous serez le bienvenu.

Malgré elle et nonobstant son caractère énergique nourri dans l'infortune, la jeune femme, au sang espagnol et italien à la fois, subissait l'influence que Salvator Rosa exerça sur tout ce qui l'entourait. En entrant sous ce toit, le peintre napolitain était pour Pepita un étranger; quand il en sortit, il emportait avec lui la meilleure partie du cœur de la fille des Moncade et des Orsini.

Le grand artiste avait descendu toute la rue Saint-Théodore et s'acheminait vers le quartier des ruines, rêvant aux moyens d'arriver à son but dans le délai qu'il avait lui-même fixé à Pepita, lorsqu'il entendit des pas nombreux et précipités qui couraient après lui. Il s'arrêta et un instant après :

— Dieu me pardonne! je l'avais bien dit que c'était par ici qu'il fallait venir pour le rencontrer!

En même temps deux mains amies allaient chercher les mains de Salvator qu'elles serraient avec effusion. Celui qui avait parlé était Pablo, comte de Poderina, un de ces gentilshommes Italiens qui prisaient plus haut que leur noblesse l'amitié d'un grand artiste. Pablo eût volontiers donné sa fortune et sa vie pour Salvator Rosa. Il est vrai que celui-ci en eût fait autant pour Pablo.

— Nous te cherchons depuis plus de deux heures, dit le comte de Poderina, pour une affaire fort grave et qui ne demande aucun retard. Es-tu libre de venir avec nous ?

— Entièrement libre, ami ; seulement avant de m'entraîner, daigne m'instruire.

— Voici l'affaire en deux mots : tu connais ou tu ne connais pas, peu importe, un des nôtres malheureux et proscrit, comme tout ce qui depuis dix ans a porté son nom, Pietro Frangipani.

A ce nom jeté à l'improviste, on comprend que l'attention de Salvator redoubla.

— Une vieille haine, continua Pablo, sépare sa famille et celle des Orsini. Or, ce soir, un guet-à-pens lui a été tendu. Sous un prétexte fallacieux on l'a attiré dans la ville qui lui est interdite. Les sbires l'ont saisi et il nous faut le délivrer cette nuit même si nous ne voulons pas que demain matin il soit livré au bargello. Tu es expert aux coups de main; nous avons compté sur toi pour nous conduire.

— En effet, dit Salvator, il n'y a pas de temps à perdre. Eh bien! hâtons-nous.

Tous ces gentilshommes avaient l'épée qui était le complément obligé de leurs costumes. Ils n'avaient donc pas besoin de perdre encore quelques heures précieuses en courant chercher des armes. Il ne s'agissait plus que de savoir de quel côté les sbires avaient conduit le comte Pietro, afin de les rejoindre et de le délivrer.

— Voyons, dit Salvator; Pablo, je prends votre affaire à cœur; elle m'intéresse comme une aventure; mais où faut-il aller?

— Les sbires ont été payés, j'en suis sûr, dit le comte de Poderina, car ils ont pris le chemin du Tibre.

— Sans doute pour boire dans quelque taverne le prix de leur capture et attendre le lever du jour.

Ces dernières paroles furent dites par un jeune homme à la blonde moustache, un ami de Pablo et du comte Frangipani.

— Allons donc vers le Tibre, mes amis, et fouillons tous ces repaires, ajouta le fougueux artiste, jusqu'à ce que nous ayons trouvé ce que nous cherchons. Alors il nous restera à assurer la vie et la liberté de Pietro.

La recherche ne fut pas longue. A peine nos intrépides chercheurs d'aventures étaient-ils sur les bords du fleuve, qu'ils furent attirés vers une taverne par les cris joyeux et les chansons d'une troupe de gens avinés qui se livraient avec délices au plaisir de crier, de casser des verres et des pots, de tapager enfin.

— Commençons, dit Salvator, nos perquisitions par le bouge où se fait ce vacarme d'enfer.

Et s'approchant des volets, il les heurta rudement avec le pommeau de son épée en criant à l'hôtelier d'ouvrir.

Un instant les cris et les chants cessèrent à

l'intérieur et une accorte servante, moitié paysanne, moitié citadine, vint par une lucarne demander ce qu'on pouvait avoir à désirer à une heure aussi indue. Les épées des gentilshommes luisaient dans l'ombre dans leurs gaînes d'acier, et ils étaient assez nombreux pour enfoncer une porte qu'on ne leur eût pas volontairement ouverte. Sans doute la servante qui, tout en les regardant de sa lucarne, causait à l'intérieur, communiqua ces réflexions peu rassurantes à l'hôtelier; car un instant après, celui-ci vint en personne ouvrir à cette nouvelle compagnie et tenant son bonnet à la main.

— Ah çà! maître Angelo, lui cria Salvator, qui avait aussitôt dévisagé une de ces anciennes connaissances qu'il avait partout, pour qui nous prends-tu donc de nous faire faire ainsi le pied de grue devant la porte de ta maison?

— Pardonnez-moi, monseigneur, mais à cette heure avancée de la nuit, je ne m'attendais pas à l'honneur de votre visite.

— Pourvu que nous soyons les bienvenus, l'heure importe peu. Voyons, que peux-tu nous servir?

— J'ai pour vos seigneuries, dans un coin retiré de mes caves, un vrai vin de cardinal, mûri il y a bien des années déjà, par un soleil bienfaisant, sur les coteaux du Vésuve. Plairait-il à vos excellences d'en goûter quelques flacons?

— Eh bien! qu'on se dépêche; apporte-nous ton nectar.

Pendant qu'il parlait avec sa vieille connaissance l'hôtelier Angelo, Salvator-Rosa, de ce coup-d'œil d'aigle qui lui était particulier, avait tout examiné dans la salle basse où il se trouvait avec les gentilshommes, amis du comte Pietro Frangipani. Le vacarme avait repris de plus belle à l'étage supérieur. Les jurons et les scènes obscènes se mêlaient sans cesse ni trève au choc des verres qui se brisaient, lâchés par des mains que l'ivresse avait alourdies. Le peintre napolitain écoutait tout ce bruit d'une oreille attentive, cherchant au milieu du fracas à démêler quelques paroles qui pussent le mettre sur la trace qu'il recherchait.

L'hôtelier ne fut pas longtemps à reparaître, portant à la main des bouteilles couvertes d'une antique poussière.

— Goûtez ce muscat napolitain, messeigneurs, et vous me direz si mon auberge a volé son enseigne.

Nous avions oublié de dire que cette taverne des bords du Tibre avait pour enseigne : *A la Vigne du Seigneur.*

Salvator Rosa fit sauter sans façon le bouchon qui fermait un de ces flacons vénérables, et dégustant le liquide :

— Je vois avec plaisir que tu ne nous as point trompé, maître Angelo; ton vin est délicieux; et, comme tu le disais, digne de figurer sur la table d'un cardinal. Mais quel est donc ce bruit qui se fait sur nos têtes?

— Jésus-Dieu! ne m'en parlez pas, seigneur! ce sont des sbires qui sont venus à la nuit avec un homme en manteau déguenillé, mais à la démarche fière. On devinait le gentilhomme rien qu'à son regard. Il paraissait leur prisonnier, et ils n'osaient le maltraiter. Ils l'ont enfermé dans une chambre à côté de la leur, une chambre sans issue qu'ils ont trouvée après avoir fouillé ma maison de la cave au grenier; et après s'être assuré qu'il ne pouvait s'enfuir, ils se sont mis à boire et à chanter. Depuis plus de deux heures, ils n'ont pas cessé un instant.

— Et ce bruit trouble une maison honnête comme la tienne, n'est-ce pas, maître Angelo?

— Que voulez-vous que je vous dise, monseigneur? Demain, les voisins vont se plaindre, et peut-être serai-je obligé de déguerpir.

— Eh bien! moi, je ne veux pas que tu déguerpisses. Il faut que les honnêtes gens vivent. Attends, je vais les faire cesser.

— Bonne Vierge! qu'allez-vous faire, seigneur Salvator? Prenez-garde, ces gens sont ivres, ils ne respecteront rien.

— Cessez de craindre, maître Angelo. Vous, mes amis, ne bougez que si je vous appelle. Toi, éclaire l'escalier.

D'un pied leste, Salvator Rosa eut bientôt enjambé l'étroit escalier qui conduisait aux étages supérieurs. Une porte était entrebâillée; l'artiste la poussa du pied, et alors un spectacle hideux s'offrit à ses regards.

Un seul homme tenait encore sur ses jambes. Debout devant une table immonde, il regardait, à la pâle lueur d'une lampe fumeuse, le vin contenu dans son verre, et puis l'avalait d'un trait sans sourciller, comme font les ivrognes arrivés aux derniers degrés de l'ivresse. Sous la table, pêle-mêle avec des débris et nageant dans le vin répandu, trois autres hommes se raidissaient de temps en temps pour demander à boire avec des jurons et des blasphèmes. Alors celui qui était debout se penchait vers eux, puis se relevant recommençait une de ces chansons impies et obscènes qui paraissaient familières à ses lèvres. C'était affreux à voir !

Salvator marcha droit à cet homme dont il ne parvint à attirer l'attention qu'en le frappant familièrement sur l'épaule :

— Dites-donc, l'ami, n'est-ce pas vous qui auriez pris par mégarde la clé de cette porte ?

Et il désignait la porte qui le séparait de Pietro Frangipani. L'homme ivre ouvrit de grands yeux comme pour chercher à reconnaître celui qui lui parlait d'un ton impérieux. Puis il répondit à l'artiste :

— La clé de cette porte, c'est Memmo qui l'a dans la poche de son pourpoint. Vous la voulez, prenez-la.

Salvator se baissa vers les hommes ivres-morts, et dans la poche du second qu'il fouilla trouva la précieuse clé. Il la prit, et sans hésitation, sans remarquer qu'on le suivait, ouvrit la porte et allait entrer lorsqu'un bruit l'arrêta.

L'homme était debout derrière lui, cherchant à tirer sa dague du fourreau.

— Ah, çà! l'ami, voulez-vous bien laisser votre dague tranquille et continuer à boire votre vin!

— Ce vin n'est pas bon, répondit le sbire, et m'empêcherait de veiller sur notre prisonnier.

— Votre prisonnier ne l'est plus! puisque vous parlez ainsi, je le délivre.

En disant ces mots, Salvator Rosa asséna un vigoureux coup de poing sur la tête du sbire qui alla tomber au milieu de ses compagnons. Sa dague s'échappa de ses mains et roula sur le parquet trempé de vin. Le peintre napolitain entra dans la chambre du prisonnier qui, debout à trois pas du seuil, regardait stoïquement ce qui venait de se passer. En reconnaissant l'homme de la rue Saint-Théodore, la défiance était entrée dans son cœur.

— Comte Pietro, lui dit Salvator qui lut sa pensée dans l'œil de Frangipani, vous êtes libre! Je suis Salvator Rosa; le comte de Poderina et quelques-uns de vos amis vous attendent dans la salle basse. Si vous êtes prêt, partons vite.

Et passant le premier, l'artiste indiqua le chemin au comte Pietro. Un instant après, il était dans les bras de ses amis, qui se disputaient à qui l'emmènerait, lorsque Salvator, les interrompant, leur dit :

— Mes amis, vous me permettrez de vous enlever le comte de Frangipani pour cette nuit; demain, je vous le rendrai. Comte Pietro, notre double rencontre cette nuit ne vous fait-elle pas, comme à moi, désirer de former plus ample connaissance?

— Je suis trop heureux, répondit le prisonnier délivré, qu'un aussi grand artiste daigne s'occuper d'un malheureux proscrit pour refuser une hospitalité aussi gracieusement offerte. Aussi, seigneur Salvator, je suis prêt à vous suivre.

Les choses ainsi réglées, on sortit de la taverne du Tibre ; mais avant d'en franchir le seuil :

— Maître Angelo, avait dit Salvator Rosa, en se penchant à l'oreille de l'hôtelier, n'oubliez pas que tout ce qui vient de se passer doit rester entre vous et moi. Si, par hasard, le secret venait à être violé, vous me connaissez?...

— Ah ! Jésus-Dieu ! seigneur, pouvez-vous concevoir de moi une aussi mauvaise pensée !

Salvator Rosa conduisit le comte Pietro Frangipani à la maison qu'il habitait au pied du Janicule. C'était une véritable demeure princière, meublée avec ce luxe que le peintre napolitain voulait partout sur lui et autour de lui. De riches étoffes de brocart, rehaussées d'or et de broderies précieuses, cachaient la nudité des murailles. Les meubles étaient somptueux et artistement travaillés; les marbres de diverses couleurs encadraient de charmantes mosaïques qui couvraient le sol; le jardin était une retraite délicieuse, pleine d'ombre et de parfums.

— Comte Pietro, dit l'artiste en invitant le proscrit à franchir le seuil de sa maison, si je vous ai prié d'accepter ce soir mon hospitalité de préférence à celle de vos amis, c'est que j'avais un service à réclamer de votre franchise. Mais il est tard, livrez-vous au sommeil et demain je vous demanderai un intime entretien.

— Quoi que ce soit, répondit Frangipani, demandez; je serai toujours heureux de vous être agréable.

— C'est une longue histoire, nous en causerons demain ; maintenant, songeons au repos.

Et l'artiste et le proscrit gagnèrent chacun de leur côté les chambres de lit. Il était temps; la nuit touchait à son terme, les premières lueurs de l'aube blanchissaient déjà le sommet des collines voisines.

Le lendemain, aux heures tranquilles du soir, Salvator Rosa et Pietro Frangipani se promenaient sous les frais ombrages du jardin. Le peintre avait raconté à son hôte ce qu'il avait appris la veille de la fille du marquis de Moncade et sollicitait une confidence semblable du comte Pietro.

— C'est une grande douleur que vous venez de réveiller, dit celui-ci ; c'est une histoire bien lamentable que vous me demandez et qui a déjà coûté bien du sang et bien des larmes.

Et cependant Dieu m'est témoin que je dis la vérité : mon père et mes frères étaient innocents de la mort du jeune Gaston de Moncade! Quelle main l'avait frappé? Longtemps nous l'ignorâmes. Toutes mes recherches pour découvrir la vérité demeuraient infructueuses et vaines. Mais, un jour, dans mon exil, errant d'asile en asile, j'ai été servi par la Providence, qui n'abandonne jamais ceux qui persévèrent. Le hasard avait conduit mes pas du côté de Ronciglione, et comme les ombres de la nuit couvraient déjà la montagne et la plaine, je me décidai à solliciter l'hospitalité d'une maison seigneuriale qui se trouvait sur ma route : c'était la seule. L'orage grondait dans le lointain, et de livides éclairs sillonnant les nuées sombres annonçaient que bientôt la nature entière allait être bouleversée. La porte s'ouvrit devant moi, qu'on prenait pour un pèlerin, et bientôt je me trouvai dans une vaste salle où plusieurs hommes armés jusqu'aux dents se promenaient en maudissant l'orage. J'étais tombé dans un repaire de bandits. La pluie qui bientôt tomba à torrents, comme si toutes les cataractes du ciel se fussent subitement ouvertes, suspendait forcément l'expédition projetée pour cette même soirée. Tous les bandits restèrent dans leur tanière. Nul ne m'avait demandé mon nom, et je m'étais assis dans l'angle le plus obscur et le plus reculé. Je voyais et j'entendais tout ce qui se disait. Il fallait venir tout près de moi pour m'apercevoir. Les bandits, contrariés par l'orage, se racontaient, pour calmer les ennuis de l'inaction, les incidents divers de leur existence antérieure. Il y avait là des

hommes qui avaient porté l'épée, d'autres qu
dans un moment de désespoir avaient embrassé la vie religieuse, et puis, revenus à leur
nature première, avaient subitement jeté le
froc aux orties. Tous ces récits m'intéressaient
fort peu, et j'aurais volontiers goûté quelques
instants de repos, si depuis longtemps mes
yeux n'avaient perdu l'habitude du sommeil.
Quand tous eurent fini, un homme, je devrais
dire un enfant, car il avait vingt ans à peine et
portait de beaux cheveux blonds, dont les boucles soyeuses descendaient sur ses épaules, ce
qui le faisait ressembler à une femme au milieu de ses bruns et rudes compagnons, se
leva et dit :

« Quant à moi, mes amis, mon histoire est
plus simple que la vôtre. J'étais page d'un
cardinal et je faisais la cour à sa nièce qui ne

paraissait pas me voir avec un œil d'indifférence. Ma fortune était faite si j'épousais la petite fille ; mais il fallait qu'elle m'aimât assez pour le vouloir et forcer la mauvaise volonté de son oncle à se taire. Malheureusement ou heureusement pour moi, je ne sais, nos projets furent traversés par un jeune homme, je pourrais dire un enfant qui promettait de marcher sur les traces de son père. Or, ce père, un Espagnol, avait été jadis la coqueluche des plus belles femmes de Rome. Comme le jeune homme, malgré mes avertissements réitérés, ne voulait pas renoncer à ses idées sur la jeune Ursule, sous un prétexte quelconque, je l'attirai un soir dans les ruines sépulcrales de la voie Appienne, et là, après avoir vainement encore essayé de vaincre son sentiment, je me débarrassai de ce rival dangereux par un coup de poignard. Je cachai le cadavre dans les ruines et revins au palais annoncer cette mort à celle que j'adorais. Mais celle-ci eut alors horreur de moi et menaça de me dénoncer. Il ne me restait qu'un parti à prendre. J'allai chercher le corps de mon rival; je le jetai sur la place de Rome et je vins me mettre dans vos rangs.

— Bravo, Colonna! s'écrièrent en chœur les bandits. Tu as bien fait de te venger. Bravo!

Pour moi, continua Frangipani, ce récit m'avait bouleversé. Je sentais par moments un froid mortel se glisser jusque dans la moëlle de mes os; par moments aussi tout mon sang refluait au cœur; j'étais comme saisi de vertige et une sueur brûlante inondait tout mon corps. Enfin, rappelant mon courage d'homme, je m'approchai du bandit qui avait parlé :

— Votre récit est charmant, lui dis-je, et digne de votre caractère ; mais vous ne nous avez pas dit le nom du jeune homme.

— C'est vrai, répondit le bandit, j'ai oublié son nom. Eh bien ! il s'appelait Gaston de Moncade !

La foudre tombant sur ma tête par un temps serein ne m'aurait pas plus profondément anéanti que ce nom sortant des lèvres du bandit. Cependant cette prostration vint à mon aide et me permit la prudence. Je dissimulai les sentiments dont mon âme était agitée, réservant ma vengeance pour des temps plus propices. J'eus même le courage de dire :

— Vous avez doublement bien fait, Colonna, en vous débarrassant d'un homme qui prenait votre maîtresse et d'un Espagnol.

Le lendemain, avec l'aurore, je quittai le repaire des bandits et repris ma course vagabonde d'exilé. Je me promettais bien cependant de retrouver quelque jour Colonna et de venger sur lui tout le sang qu'il avait coûté à ma famille. Le hasard, un heureux hasard, vint encore à mon aide. Quelques semaines après, errant dans la forêt de Viterbe, je me trouvai face à face avec ce Lorenzo Colonna, la cause première de tous nos malheurs. Il était seul, comme moi; mais eût-il été en compagnie, je n'aurais pas hésité un instant. Du plus loin que je l'aperçus, je lui criai mon nom. Il comprit mon intention sans doute, car il se mit en défense et, la dague au poing, nous fondîmes l'un sur l'autre. Le combat ne fut pas long ; quelques minutes après Lorenzo Colonna était mort !

Maintenant, vous le dirai-je, seigneur Salvator, depuis que j'ai ainsi vengé de mes mains sur son meurtrier la mort de Gaston de Moncade, par tous les moyens en mon pouvoir, j'ai cherché à faire pénétrer la vérité jusqu'à sa sœur Pepita, non que je recule devant une haine de famille, mais parce qu'il est indigne que deux nobles maisons se déchirent et s'exterminent sans motif et sans but. Et puis, il faut que j'en fasse l'aveu à vous qui paraissez vous intéresser au sort d'un proscrit : si je suis assez fort pour supporter le poids d'une haine quelconque, jamais mon cœur ne haïra la fille du marquis de Moncade et de la belle Giuditta Orsini. Deux fois il m'a été donné de la voir : la première, c'était à l'église ; elle était perdue au milieu des nobles femmes qui priaient. Sa beauté me la fit remarquer. Je demandai son nom, et j'appris que c'était elle qui poursuivait sur nous la haine de famille. Depuis lors, son image n'est plus sortie de mon cœur. La seconde fois, c'était hier, elle m'avait attiré dans un guet-à-pens où je n'ai pas hésité à tomber pour essayer de la dissuader. Sans vous, je serais à cette heure entre les mains du bargello. Je puis me défendre, je n'offenserai jamais.

— Comte Pietro Frangipani, dit après quelques minutes de silence Salvator Rosa, ému, malgré lui, de ce récit fait avec l'accent de la vérité, remettez vos intérêts entre mes mains ; vous ne vous en trouverez pas mal. Croyez bien que ce n'est pas le hasard qui nous a fait nous rencontrer. Il y a là-haut une puissance supérieure à la nôtre qui règle pour le mieux toutes les affaires de ce bas-monde Maintenant, si vous voulez suivre un conseil d'ami, restez cette nuit à Rome ; allez remercier vos amis et surtout cet excellent Pablo de Poderina qui m'a mis sur vos traces, et demain, quittez pour quelque temps les États du Saint-Père. Allez à Naples. Je possède au Pausilippe une villa agréable que je mets entièrement à votre disposition. Mes amis prétendent qu'on peut y passer quelques jours d'une manière convenable. Disposez en maître de tout ce qui s'y trouve. Pendant ce temps, moi, je resterai à Rome, et je travaillerai activement à vous y faire rentrer comme il convient à l'héritier de l'un des plus beaux noms romains !

A ces nobles paroles, le comte Pietro saisit

la main de Salvator Rosa, et, malgré l'artiste, la porta à ses lèvres.

— Seigneur Salvator, lui dit-il, la naissance ne vous a pas fait gentilhomme; mais votre cœur est plus noble que celui de toute la noblesse romaine. J'accepte vos offres et désormais entre vous et moi, c'est à la vie à la mort.

Après un gai repas, les deux nouveaux amis se séparèrent; le comte Pietro alla remercier Pablo de Poderina qu'il trouva à table avec ses compagnons de la veille; Salvator Rosa s'achemina vers la rue Saint-Théodore.

Si quelqu'un de ses amis avait rencontré Salvator Rosa durant cette marche nocturne, il n'aurait pas reconnu le peintre napolitain. Sous le poids de réflexions qui courbaient sa tête et allanguissaient sa démarche, le grand artiste avait entièrement perdu cette liberté et cette fierté d'allure qui lui était familière. Il cherchait par quelles voies détournées, il pourrait amener à lui Pepita, et, avant d'aborder de nouveau cette femme au caractère intrépide et décidé, il voulait avoir entièrement trouvé le plan vainqueur qui devait la lui soumettre. Ce n'était pas chose facile.

Plus calme que la veille, la rue Saint-Théodore avait repris cet aspect triste et mélancolique qu'on ne retrouve que dans les rues de Rome. La nuit était sereine et nul bruit ne troublait la monotonie de l'eau qui coule au pied de la colline.

Quoique marchant d'un pas fort ralenti, Salvator Rosa se trouva bientôt devant la porte de la maison où il se rendait. Il heurta cette porte de la main et la porte céda. On eût dit que Pepita l'attendait ; car elle parut ausitôt, une lampe à la main, sur le seuil de l'appartement où l'artiste l'avait trouvée la veille.

— Ah! c'est vous qui revenez, seigneur Salvator, Dieu soit loué! soyez le bienvenu. Votre visite est ce qui pouvait m'arriver de plus heureux, ce soir. On vient de m'apprendre que ce Pietro Frangipani de malheur avait été saisi par les sbires, hier au soir. Mais que les maladroits l'avaient ensuite laissé échapper.

— Je sais tout cela, madame; et même je sais que ce n'est pas tout-à-fait la faute des sbires si Pietro est libre.

— Ah! voilà ce qu'on ne m'a pas dit : mais comment se fait-il que les sbires laissent échapper un prisonnier?

— Il faut bien qu'ils cèdent quand ils ont affaire à une troupe plus habile et plus courageuse que la leur.

— En pareil cas, seigneur artiste, si j'étais sbire, je tuerais le prisonnier et me ferais tuer ensuite.

— Voilà ce que les sbires ne feront jamais, madame ; leur métier n'est pas assez bon pour cela.

— Et savez-vous aussi ce qu'il est devenu, ce Pietro Frangipani? savez-vous s'il est resté dans Rome, malgré l'édit qui le chasse de la ville, ou s'il a repris la vie errante de l'exilé?

— Je sais, madame, que Pietro Frangipani désespéré de ne pouvoir fléchir votre haine, était décidé à en finir et n'aurait rien fait pour éviter la sentence du bargello, lorsque des amis dévoués sont intervenus et l'ont sauvé malgré lui.

— Fléchir ma haine, dites-vous! Et quel

rêve insensé a-t-il donc fait? Qu'espère-t-il ? Ma vengeance veut du sang.

— Et s'il était innocent, madame, si son père, si ses frères étaient innocents?.. Si une main étrangère aux Frangipani avait frappé votre frère pour des causes spéciales, votre vengeance exigerait-elle un sang innocent?

— De quelle main étrangère parlez-vous, seigneur Salvator? qui pouvait frapper mon frère Gaston?

— Lorenzo Colonna, par exemple, qui aimait la femme à laquelle Gaston de Moncade adressait son premier amour.

— Êtes-vous sûr de ce que vous avancez, seigneur artiste? Prenez garde de vous trop aventurer, car alors de nouveaux devoirs naîtraient pour moi, ce serait une œuvre nouvelle de vengeance à commencer.

— Je suis tellement sûr de mes paroles que je puis encore vous dire ceci sans violer le secret qui m'a été confié: Lorenzo Colonna s'était refugié chez les bandits, et Pietro Frangipani en le tuant vous a vengés tous deux.

— Ah! bonne Vierge! quelles paroles étranges! Vous me bouleversez. Mais les preuves, où sont les preuves?

— Quand Pepita de Moncade les voudra, je ne demande que deux jours pour les lui rassembler.

— Eh bien! seigneur Salvator Rosa, revenez dans deux jours, apportez-moi les preuves, je les examinerai scrupuleusement, et, si elles sont exactes, je vous bénirai tous les jours de ma vie de m'avoir fait connaître la vérité.

Autant le peintre napolitain avait de soucis

et d'angoisses en abordant la maison de Pepita, autant il avait le cœur joyeux quand il en sortit. Il regagna sa maison du Janicule, chantant à la belle étoile ces sonnets et ces *canzone* qu'il improvisait pour les filles de Naples et de Chiaïa.

Dans sa maison il retrouva Pietro Frangipani qui déjà était prêt à partir, la sandale poudreuse aux pieds, à la main le bâton du pèlerin et du proscrit. Salvator Rosa enlaça sa tête dans ses bras nerveux :

— Partez, ami, lui dit-il ; allez à ma maison du Pausilippe ; mais avec vous emportez l'espérance.

Les deux amis causèrent quelques instants encore ; Salvator Rosa demanda les détails qui lui étaient nécessaires pour achever son œuvre de réparation, puis Pietro partit et trois jours après, il habitait la villa délicieuse du peintre.

Salvator Rosa fut l'homme de son temps qui eut les plus nombreuses relations dans tous les rangs de la société. A Naples, sa patrie, il connaissait tout le monde, et souvent quand il se promenait dans la rue de Tolède, il lui arrivait d'être abordé en même temps par un prince sicilien, un grand seigneur de Naples, un brave marinier de Procita, un lazzarone de Chiaïa. Jamais il n'oubliait une figure qu'il avait vue une fois et il avait pour tous un accueil franc et loyal qui gagnait tous les cœurs. Longtemps il avait vécu avec les bandits des Abruzzes qui l'avaient mis en relation avec toutes les bandes des Apennins. Jamais il ne trahit les secrets qu'il avait surpris sur la montagne, et cela l'avait mis en grande vénération dans ces populations mêlées.

Souvent il lui arrivait dans ses courses dans les villes, de retrouver ses connaissances des montagnes; mais alors un mot, un signe suffisait, et sa bouche était à tout jamais muette.

Nous avons dit que l'hôtelier du Tibre, Angelo, était une vieille connaissance de notre artiste. Salvator Rosa l'avait rencontré pour la première fois dans la forêt de Viterbe, et sans le laissez-passer parfaitement en règle dont le peintre napolitain était toujours porteur, maître Angelo aurait fait payer cher à l'artiste sa curiosité.

Salvator obligé, pour tenir la promesse qu'il avait faite à Pepita de Moncade, de rassembler promptement les preuves demandées, pensa qu'Angelo pouvait lui être utile. Il alla donc à la taverne du Tibre, et en entrant :

— Maître Angelo, dit-il à l'hôtelier, le sourire aux lèvres, nous sommes de trop vieux mais pour qu'entre nous, nous ne nous rendions pas service à l'occasion. Vous n'avez pas ouvert la bouche sur la petite affaire de l'autre soir?

— Jésus-Dieu! y pensez-vous, monseigneur? les camarades ont encore souvent besoin de moi ; dans mainte et mainte circonstance c'est à moi qu'ils s'adressent de confiance. Je ne pouvais donc ainsi ruiner la maison d'un seul coup.

— C'est bien, maître Angelo, je reconnais là votre prudence accoutumée. Aujourd'hui j'ai besoin de quelques renseignements.

— Parlez, monseigneur, usez de moi à votre guise. Tout ce que j'ai est à votre disposition. Vous avez le bras long.

— Et la main ouverte, maître Angelo. N'avez-vous pas connu jadis un jeune homme blond, Colonna?...

— Lorenzo?... Parfaitement. C'était un païen et un mécréant de la pire espèce. Il a été tué dans la forêt de Viterbe d'un fier coup de dague. Il était venu parmi nous, après avoir tué le fils du marquis de Moncade.

— C'est bien cela, maître Angelo. Je vois que vous connaissez parfaitement votre homme et son histoire.

— Jésus-Dieu! si je le connais; il nous l'a racontée lui-même, un soir, sur la route de Ronciglione, un soir d'orage.

— Encore mieux... Et maintenant pourriez-vous me dire aussi bien par qui il a été tué ?

— Ah ! pour cela, seigneur artiste, je l'ignore, et parmi nous jamais personne ne s'est vanté de l'avoir frappé.

— Il n'avait donc pas d'ennemi dans la bande ?... N'a-t-on soupçonné personne ?

— On a soupçonné, mais personne de la bande. Lorenzo n'avait pas d'ennemi. Il parlait peu, buvait beaucoup et était très-dur les armes à la main. Maintenant faut-il vous dire les soupçons?... On disait dans la bande, que le meurtre du jeune homme avait réveillé une vieille haine entre les Orsini et les Frangipani. Le jeune homme, à ce qu'il paraît, appartenait aux Orsini par sa mère. Nous rencontrions souvent dans nos courses, le dernier Frangipani qui errait d'asile en asile depuis qu'il était proscrit. Tous nous avions pitié de ce malheureux, quand nous le rencontrions. Seul Colonna paraissait heureux de son infortune. Dès qu'il l'apercevait, il riait d'une manière étrange. Or, Frangipani était avec nous, je me le rappelle bien, le soir de Ronciglione. Nous avons donc supposé que la mort inexplicable de Lorenzo Colonna était une vengeance de Pietro Frangipani. Nos soupçons paraissaient d'autant plus justes, que depuis cet événement nous n'avons plus revu le proscrit.

— Je le crois bien; il aurait pu vous prendre la fantaisie de venger la mort de votre camarade; et, à mes yeux, vous auriez eu tort grandement; car certes jamais homme n'avait mieux mérité son sort.

— Ainsi c'était bien le comte Pietro Frangipani qui avait tué Colonna?... Un fier coup de dague!

— En doutes-tu?... Mais il l'a tué loyalement et bravement. Colonna se défendait, et il savait se défendre.

— C'est vrai qu'il se défendait. Quand nous l'avons trouvé, le cadavre avait encore la dague au poing.

— Maintenant, maître Angelo, voici ce que je désire de toi, et je saurai reconnaître ce service. Ce que tu viens de me dire, il faut le redire devant une autre personne. Oh! ne crains rien; elle est sûre.

— Avec vous, monseigneur, je ne crains rien; vous sauriez me retirer des griffes de Satan, si vous le vouliez.

— Ainsi tu acceptes, ajouta Salvator en riant de la puissance que lui prêtait l'hôtelier. J'aurais encore besoin d'autre chose. Si quelques-uns de tes compagnons veulent gagner quelques bons ducats d'or en témoignant de la même chose, tu n'as qu'à les avertir. Plus ils seront, mieux cela vaudra. Le peux-tu?

— Demain, si vous le voulez, monseigneur, nous serons dix tout prêts pour votre service. Est-ce assez?

— Eh bien! demain, vers les dix heures du soir, trouvez-vous à l'entrée du Campo-Vaccino. Soyez exacts. Je vous y attendrai.

— Nous y serons, monseigneur, foi d'Angelo! et par le Christ! nous témoignerons comme un seul homme.

Ainsi tout marchait au gré de Salvator Rosa. Le lendemain, à l'heure indiquée, il se promenait à l'entrée du Campo-Vaccino et paraissait s'impatienter de ne voir personne, lorsqu'une voix qui paraissait sortir de terre fit entendre ces mots prononcés lentement et avec une prudence calculée :

— Excellence, je crois que voilà l'heure qui sonne. Est-il temps de nous montrer, ou faut-il attendre encore?

En effet, au même instant, les coups de la dixième heure étaient répétés par tous les clochers de la ville endormie.

— Il est temps, répondit Salvator Rosa. Êtes-vous là tous? En ce cas, marchons et de la prudence.

Comme s'ils n'eussent attendu que ces paroles, dix hommes se levèrent de différents points assez rapprochés de la vaste enceinte, et ayant secoué la poussière qui les couvrait, ils s'acheminèrent, l'artiste à leur tête, vers la rue Saint-Théodore. Chemin faisant, le peintre les reconnut pour les avoir vus, soit dans les Abruzzes, soit dans les Apennins. Les bandits avaient quitté le costume pittoresque des montagnes pour adopter un costume plus en harmonie avec leur situation présente. En cela maître Angelo s'était surpassé. Tous ces bandits avaient l'air de petits industriels de la ville, et ceux dont la figure était trop brûlée par le soleil étaient affublés comme les paysans de la campagne.

Qu'on juge de l'étonnement de Pepita en voyant sa maison envahie par tous ces hommes dont les figures peu rassurantes malgré leurs habits de popolani lui étaient parfaitement inconnues. Heureusement Salvator Rosa était entré avec les bandits et la présence du peintre rassura la jeune femme.

— Madame, dit l'artiste, vous m'avez demandé des preuves de que j'avançai l'autre nuit, ces preuves, je les apporte avec moi. Ces hommes ont été les camarades de Lorenzo Colonna sur la montagne. Ils ont entendu ses discours, ils ont vu sa mort. Ils peuvent vous édifier pleinement. Interrogez-les tous ensemble ou un à un, et vous verrez si la parole de Salvator Rosa est sûre et s'il parle légèrement.

Alors la jeune femme fit venir à elle tous ces hommes un à un, et tous, chacun avec le caractère d'éloquence qui lui était particulier, répétèrent la même chose et confirmèrent le témoignage les uns des autres.

Quand tous eurent été entendus, Salvator Rosa les congédia d'un geste et resta seul avec la jeune femme. Combien elle était changée en quelques heures ! Ce n'était plus l'intrépide Espagnole capable de tout immoler aux terribles exigences du sang versé. Maintenant elle pleurait à chaudes larmes et disait à Salvator :

— Que nous avons été injustes envers les Frangipani ! Que de torts nous avons à réparer ! Mais y a-t-il une réparation au monde pour tout le mal que nous leur avons fait ! Mon Dieu ! qu'ils ont dû souffrir !

Et la jeune femme se laissait aller à sa douleur avec une violence qui effrayait l'artiste et l'arrêtait chaque fois qu'il voulait essayer de la consoler. Maître du secret amour de Pietro Frangipani, libre de le déclarer ou de retenir l'aveu sur ses lèvres, il s'arrêtait à ce dernier parti et remettait au lendemain le complément de sa victoire.

Ce lendemain arriva et fut suivi de plusieurs

autres pendant lesquels Salvator Rosa n'osa rien hasarder en faveur de son ami. Car à la douleur violente avait succédé un abattement profond et une prostration si complète, que pendant plusieurs jours le peintre craignit que la santé de la jeune femme ne fût sérieusement atteinte. Chaque soir il venait et avec une délicatesse touchante lui prodiguait les soins et les consolations d'une amitié affectueuse. Enfin Pepita prit sur elle de parler la première. Un soir, elle dit à l'artiste:

— J'ai tant fait souffrir Pietro Frangipani que mon esprit a vainement cherché une réparation digne de ses souffrances. Il en est une cependant, je crois; et j'aurais voulu qu'il la réclamât pour la lui donner sur-le-champ. Mais puisqu'il garde le silence, c'est à moi de parler. J'ai refusé ma main aux plus grands seigneurs de Rome ; toute entière à ma vengeance, j'avais renoncé à la joie des épouses et des mères. Ce qui ne m'était point permis jusqu'à présent, je le puis à cette heure. Si Pietro veut de moi pour sa femme, je serais heureuse et fière de porter son nom.

— M'autorisez-vous, madame, à faire connaître à Pietro Frangipani les paroles que vous venez de me dire?

— Mais certainement, seigneur Salvator, que je vous y autorise ; il y a mieux, en le faisant, vous me ferez plaisir.

— Eh bien ! ce sera une bien heureuse nouvelle pour mon ami Pietro ; car s'il faut tout vous dire, et je le puis sans crainte à cette heure, il y a longtemps que vous régnez dans le cœur de Pietro, passion qu'il caressait en silence avec joie, et jamais les plus rudes coups que vous lui avez portés n'ont pu lui arracher une plainte ou une malédiction.

— Écrivez-lui donc sur-le-champ, et qu'il vienne aussitôt votre lettre reçue. J'ai hâte de réclamer mon pardon.

— En cela, madame, vous me permettrez de n'être pas de votre avis. Je tiens Pietro pour très-bien dans l'endroit où il se trouve à cette heure depuis sa dernière équipée à Rome, et je juge prudent qu'il ne quitte cet asile qu'avec toute sécurité.

— Où se trouve-t-il donc que j'aille le chercher, me jeter à ses pieds et lui demander merci?

— Pour cela, quand il vous plaira de le venir voir, je m'estimerai trop heureux de vous recevoir à ma villa du Pausilippe.

— Il est donc à Naples, et chez vous, seigneur Salvator ? Eh bien ! partons sur-le-champ. Êtes-vous prêt ?

— Partons, dit Salvator Rosa ; rien ne me retient plus à Rome. J'ai remis hier au cardinal Aldobrandini le dernier des cinq tableaux qu'il m'avait demandés pour sa galerie. Je vous demande deux heures pour régler ma maison, et je suis à vous.

Aux premières heures du jour, l'artiste et la jeune femme étaient sur la route de Naples. Pietro qui avait été averti par un message que Salvator lui avait fait tenir, quelques heures seulement avant l'arrivée des nobles voyageurs, alla à leur rencontre, et se jetant dans les bras du peintre, avec une voix chargée de larmes de plaisir :

—Ah! mon ami, il n'y a que vous qui sachiez le prix du bonheur, puisque vous faites si bien des heureux.

Puis saluant la jeune femme avec une grâce parfaite, il allait lui offrir son bras, quand celle-ci lui dit :

— Comte Pietro, après ce qui s'est passé entre nous, je crois que nous pouvons bannir de nos relations l'étiquette des cours. Je vous ai offert ma main; dans quelques jours je serai votre femme, je vous permets de m'embrasser.

Pietro ne se fit pas répéter cette invitation, et quoique ses lèvres eussent effleuré à peine le front de la belle Pepita de Moncade, on eût dit qu'elles avaient touché un fer rouge. La jeune femme, heureuse de cet amour inspiré à son ennemi, prêt à devenir son époux, crut enfin à l'efficacité de sa réparation.

Les préliminaires de cette union furent vite supprimés par Salvator Rosa pour lequel il n'existait jamais d'obstacle bien sérieux. En même temps, il faisait agir à Rome les amis puissants qu'il avait partout, et la sentence d'exil portée contre Frangipani fut levée grâce à son influence souveraine. Neuf jours après l'arrivée de Salvator et de la jeune femme à la maison du Pausilippe, une troupe joyeuse venant de Rome fit son entrée bruyante dans les cours de la villa. C'étaient Pablo de Poderina et les autres amis de Pietro Frangipani qui venaient à lui dans la bonne fortune comme ils étaient venus dans la mauvaise, jeunes gens toujours prêts pour la guerre et prêts pour le plaisir. Ils assistèrent au mariage de Pietro et de la belle Pepita de Moncade. Les fêtes de cette union furent splendides.

Ordonnées par Salvator Rosa, elles dépassèrent en luxe et en magnificence tout ce qu'avaient pu inventer les grands seigneurs les plus fastueux.

Après ces fêtes, Pietro et Pepita rentrèrent dans Rome, et la réconciliation des deux familles fut encore célébrée au pied du Capitole par des fêtes qui laissèrent dans la noblesse romaine un long souvenir.

Salvator Rosa resta toujours l'ami des deux époux, et c'est à eux, dit-on, qu'à sa mort il légua les bijoux et les objets précieux qu'il avait amassés avec grand soin pendant toute sa vie.

La nuit était fort avancée quand mon ami

acheva son histoire, et, pour ne pas être saisi par la fraîcheur du matin, nous nous séparâmes, en nous assignant le rendez-vous du lendemain.

VI.

Depuis l'imprimeur romancier Rétif-de-La-
bretonne, qui avait l'avantage de s'imprimer
lui-même, jusqu'à nos jours, on a publié
des milliers de chapitres, dont les portiers
sont les héros. Dans la loge de ces véritables

propriétaires des maisons de Paris, il y a des clubs improvisés entre quatre cloisons étroites où l'on se livre à des entretiens précieusement recueillis par les écrivains observateurs, et qui annoncent le degré de civilisation où nous sommes arrivés. Ce genre d'observation a même enfanté une littérature qui a eu ses jours de mode et de grands succès.

Entraîné par cet exemple contagieux, j'ai voulu aussi recueillir des commérages de portier, chez les peuples barbares, et qui attendent la lumière de notre nord.

Ce jour-là, je trouvai Mateo dans la loge de mon vieux concierge. Et d'abord cette loge ne ressemblait en rien à ce que nous appelons ainsi dans nos tristes maisons parisiennes. Au Vatican, le marbre a été si largement prodigué de toutes parts, qu'il y a eu des rognures pour les logements les plus infimes.

Mateo était un homme dont l'âge est douteux, fort gai, fort alerte, frais de visage, avec des regards lumineux de jeunesse, et des cheveux d'argent bouclé. Il était en grand costume pascal; habit noir, culotte de soie, bas finement étirés sur une jambe d'Apollon du Belvédère, souliers sacerdotaux à boucles d'or.

Lorsque j'entrai, les deux amis prenaient gaîment non pas une tasse, mais un verre de chocolat.

Le concierge me dit :

—Vous nous excuserez, monsieur, nous sommes à causer ici de choses qui vous intéresseront fort peu. Quand Mateo vient me voir, il apporte toujours beaucoup d'historiettes avec lui.

Quel bonheur pour moi! me dis-je, je vais entendre des commérages de portiers romains! et je priai Mateo de vouloir bien ne pas remarquer ma présence, et de m'annuler complétement dans le trio.

— Il me semble, monsieur, me dit Mateo, que je vous ai déjà vu. Ne m'avez-vous pas arrêté dans la longue galerie des *monumenta veterum christianorum?*

— C'est vrai, monsieur, — lui dis-je après l'avoir bien examiné, vous m'avez ouvert la grille de la galerie, et comme vous marchiez très-vite devant moi, pour me conduire au musée de Pie VI, je vous ai prié de vous arrêter pour me laisser regarder les pierres tumulaires de la galerie.

— C'est que, dit Mateo avec un sourire malin, ils sont bien rares, très-rares les voyageurs qui regardent ces inscriptions. Ils sont tous si pressés de courir aux salles de statues et de tableaux ! Je n'ai jamais vu que monsieur le vicomte de Châteaubriand qui ait passé des heures entières devant ces précieuses reliques (1).

Cela ne m'étonna point. Personne n'a parlé de la *ville* comme M. de Châteaubriand, personne ne la connaît comme lui.

J'éprouvai un mouvement de fierté nationale, en voyant que le nom de Châteaubriand était dans la mémoire du peuple romain, qui, probablement, a déjà oublié tous les autres ambassadeurs français.

(1) Cette phrase m'a été dite textuellement; je n'ajoute et ne retranche pas un seul mot, et j'en appelle aux souvenirs du plus illustre des voyageurs.

Comme je m'étais incliné sans répondre, Mateo reprit après quelques minutes de silence :

— Je suis bien aise, monsieur, qu'un heureux hasard me fasse vous rencontrer encore une fois au Vatican. Le soin minutieux que vous apportiez dans vos observations de la galerie des premiers monuments chrétiens m'avait prévenu en votre faveur. Je serais heureux de pouvoir vous être de quelqu'utilité.

— Ce que je vous demande, c'est de ne vous déranger en rien à cause de moi. Causez avec votre ami, comme si je n'étais pas là, à moins que ma présence ne soit indiscrète.

— Nullement, nullement; nous causerons comme trois vieux amis.

Je m'inclinai de nouveau et le vieux concierge et Mateo achevèrent en silence leur frugal déjeuner.

Après le chocolat, nous entrâmes au jardin. Le concierge cueillit des oranges, en offrit à ses deux visiteurs, et nous nous assîmes sur un banc de gazon.

—Voyons, dit le concierge à Mateo, contez-nous quelque historiette amusante. Le carême est passé, la joie est permise. On a chanté *Alleluia* !

— Laissez-moi finir mon orange, dit Mateo avec un sourire spirituel qui était la préface de l'historiette.

J'étais fort curieux de connaître quel genre d'historiette joyeuse Mateo pouvait conter. Dans la loge d'un concierge parisien, je me serais attendu à quelque indiscrétion un peu leste, commise au détriment d'un locataire suspect dans ses mœurs. Mais ici, entre ces deux concierges, à quel commérage allais-je m'associer?

Voici ce que nous raconta Matco.

— Vous savez, monsieur (j'ignorais encore cela), nous dit Mateo, qu'en 1817, une fouille, payée par la duchesse de Devonshire, mit à découvert, au Forum, la colonne de Phocas. On trouva, dans cette fouille, trois médailles d'Othon, petit-bronze. Cela mit en émoi tous les antiquaires numismates, et vous en savez la raison.

— Ah! je n'en sais pas la raison, moi, dis-je à Mateo, en l'interrompant.

— Eh bien! je vais vous l'apprendre, — me dit le portier d'un ton de supériorité magistrale convenablement mitigé par un sourire amical.

Ah! mon Dieu! pensai-je, il va me dévoiler quelque chose de calomnieux contre la duchesse de Devonshire. Les portiers se ressemblent tous. Un instant je regrettai mon interruption.

— Monsieur, poursuivit Mateo, si vous étiez numismate, vous sauriez qu'il n'y a, dans aucune collection, des médailles d'Othon, grand-bronze. C'est la seule effigie d'empereur qui ne soit pas en casier sous ce module.

— C'est pourtant vrai, dit le vieux concierge.

Nous allons arriver à la duchesse de Devonshire, me dis-je dans un *à parte* mental.

— Or, continua Mateo, en exhumant de cette fouille quatre Othon, petit-bronze, il y avait plus de chances que jamais de découvrir l'Othon, grand-bronze, si désiré par les faiseurs de collections. Autour de la colonne de Phocas, la terre fut remuée profondément et passée au crible. On trouva les douze Césars, les empereurs du Bas-Empire, les Ptolémées ; on trouva tout ce qui est vulgaire, tout ce qui sert de fausse monnaie aux *Facchini*, excepté l'introuvable Othon.

— Et la duchesse de Devonshire? demandai-je avec une timidité curieuse.

— La duchesse de Devonshire, répondit Mateo, n'a plus rien à voir dans cette affaire; seulement elle fut cause que tous les numismates de Rome perdirent la tête en cherchant leur Phœnix.

Si l'historiette finit là,—me dis-je en poursuivant mon *à parte* intérieur, — il n'y a rien de fort plaisant ; on aurait pu la raconter en carême.

— En ce temps-là, poursuivit Mateo, il y avait à l'hôtel de la place du Peuple un jeune Anglais nommé Thomas Gloose, qui ne savait que faire de sa jeunesse, de son or et de son temps. Tout-à-coup, par un de ces caprices fort communs aux hommes de son pays, il s'enflamma de belle passion pour les Othons, grand-bronze et la fouille de la colonne de Phocas. Il n'y a qu'un remède au *spleen*, c'est l'acharnement dans la recherche d'un résultat impossible. Thomas Gloose s'obstina dans son idée, et Dieu sait le nombre des grains de poussière qui ont coulé entre ses doigts depuis 1817 jusqu'en 1831, époque à laquelle il partit pour Londres, où l'appelait une affaire de succession.

Nous l'avons revu à Rome en 1833. Il acheta une maison rue Sainte-Marie-aux-Fleurs, et se fit construire un superbe cabinet de médailles. Thomas Gloose comptait beaucoup sur un procès d'héritage pour se donner une excitation nouvelle, car il avait abusé de l'Othon, grand-bronze. Ce procès dura deux ans, selon l'usage des procès anglais, lorsqu'ils sont courts. Premier désappointement de Thomas Gloose. Il avait choisi le plus mauvais avocat du comté de Midlesex; il ne visita aucun juge; il entra dans la salle d'audience en ôtant son chapeau, ce qui est une grossière impolitesse envers le tribunal. Tout fut inutile; l'infortuné Thomas Gloose gagna son procès; et n'ayant d'autre chance de salut que de se remettre à la poursuite de l'Othon, à son retour, il ordonna des fouilles sur tous les terrains soupçonnés de recéler ce trésor.

L'an dernier, Thomas Gloose fit annoncer, dans le *Diario*, qu'il donnerait une récompense de cinquante mille écus romains à celui qui lui apporterait un Othon, grand-bronze. Cette annonce, comme vous le pensez bien, produisit une forte sensation.

Il y a sept ou huit jours, la veille du dimanche des Rameaux, Thomas Gloose faisait une promenade, en calèche découverte, du côté de la Storta : devant la ruine appelée, à tort, le tombeau de Néron, une roue de devant s'échappa de l'essieu, et tomba dans le ruisseau. Le cocher descendit vivement de son siége, en s'écriant d'un ton désespéré : cette voiture est maudite! *Questo legno maledetto*! Thomas Gloose parut assez satisfait de cet accident, et il daigna dire à son cocher de ne pas se désespérer pour si peu de chose.

Si votre seigneurie le permet, dit le cocher, j'irai appeler le charron de l'auberge de la poste, ici, tout près, à la Storta, et je vais ordonner à ce mendiant qui passe de garder les chevaux.

— Fais, dit Gloose.

Il y avait sur le ruisseau, où était tombée

la roue, un joli petit pont agreste qui invitait à passer de l'autre côté du chemin, sur une campagne inculte, mais toute couverte des fleurs sauvages du printemps. Thomas Gloose traversa le pont, et profita de l'occasion pour examiner cette tour isolée que le voyageur découvre en descendant de Baccano, et qui passe pour le sépulcre de Néron. A quelques pas de cette ruine, un berger vénérable, et fort délabré, couché sous un arbre, une cornemuse à la main, regardait paître un projet de troupeau, composé de trois chèvres. Comme accessoire de paysage romain, ce berger posait admirablement, et Thomas Gloose, qui avait brillé sur les bancs de l'université d'Oxford, ne put s'empêcher, malgré sa tristesse incurable, de sourire à ce tableau de bucolique. Le berger n'était pas fort sur la cornemuse, mais il en tira quelques sons qui réveillèrent les plus doux souvenirs de collége dans le cœur de Thomas Gloose, très-peu musicien d'ailleurs, comme tout homme attaqué du *spleen*.

— Est-ce là tout votre troupeau? demanda l'Anglais au pâtre d'un air de bonté protectrice.

— Hélas! répondit le berger, c'est tout ce que m'a laissé l'épizootie de l'été dernier! J'avais autrefois un beau troupeau qui broutait le cytise fleuri, dans les pâturages du Tibre ; longtemps je l'ai défendu contre les ardeurs du solstice, et le destin me l'a ravi, sous la lune maligne de juin !

Des larmes mouillèrent les yeux du berger; il voulut tirer quelques sons de sa cornemuse, mais le souffle lui manqua. C'était attendrissant.

— Berger, dit Thomas Gloose, voulez-vous me suivre à Rome? j'aurai soin de vous, et vos douleurs finiront.

— Non, non, généreux étranger, dit le pâtre; la ville qu'on appelle Rome ne sourit pas au vieillard, habitué aux fraîches vallées. Cette campagne sera mon tombeau.

Thomas Gloose tira de sa bourse une poignée de pièces d'or, et les présenta au berger.

Un mouvement de fierté superbe raidit le bras du vieillard, et ses yeux brillèrent d'indignation.

— Gardez votre or! s'écria-t-il, le pâtre romain n'est pas un mendiant. Je n'ai besoin de rien; ma pauvreté me suffit.

Ces derniers mots furent prononcés avec cette brusquerie qui veut en finir avec un interlocuteur ennuyeux. Thomas Gloose ne savait quel ton prendre pour renouer l'entretien.

— Berger, lui dit-il, l'aumône humilie, mais le travail honore. Veux-tu accepter du travail?

— Et mes chèvres? puis-je abandonner mes chèvres, débris de mon troupeau? Faites-moi labourer la terre ou marier l'ormeau à la vigne, j'accepte, mes chèvres au moins ne me quitteront pas.

— Écoute, berger, dit Thomas Gloose, je veux te confier une fouille, là, autour de cette ruine, et je te donnerai un *francescone* par jour.

A ces mots, le pâtre poussa un cri de joie,

et, se précipitant aux pieds de l'Anglais, il les baisa.

— Oh! soyez béni! s'écria-t-il; vous serez toujours un dieu pour moi, vous qui me faites ces doux loisirs !

En ce moment, le cocher passa le petit pont, et, jetant un regard dédaigneux sur le pâtre, il dit à Thomas Gloose :

— Si Votre Seigneurie veut remonter en voiture, le dommage est réparé.

— Écoute, dit Thomas Gloose à son cocher, regarde bien ce pâtre et cette ruine, afin de les reconnaître, tu viendras déposer ici, avant ce soir, deux brouettes et deux bêches pour une fouille, entends-tu ?

Le cocher fit une grimace de mécontentement, et murmura quelques paroles sourdes, en lançant au pâtre un second regard de mépris.

— La colombe poursuivra le vautour avant que j'oublie vos bienfaits, dit le pâtre en baisant les mains de Thomas Gloose.

La calèche courait vers *Ponte-Mole;* Gloose se retourna pour donner un dernier regard au pâtre. Le vieillard était occupé à caresser ses chèvres avec la tendresse d'un père qui est rassuré sur l'avenir de ses enfants par un coup de fortune inattendu.

Thomas Gloose avait promis de venir chaque jour inspecter l'état de la fouille et payer le travail. A la première visite, il trouva le berger fouillant la terre, au bas d'une excavation assez profonde déjà. Ce travail avait produit trois médailles byzantines, un Odoacre assez bien conservé, deux urnes cinéraires, cinq fioles lacrymatoires, et un nez gigantesque en bronze, que Thomas Gloose attribua au colosse de Néron, dont le pied est au musée capitolin. Cette dernière découverte fixa les incertitudes de l'Anglais sur la tradition qui veut que cette tour soit le tombeau du cruel empereur. Rapport en fut fait à la Société royale de Londres le même jour.

A la seconde visite, Thomas Gloose trouva le vieillard fort découragé et tourmenté surtout par le scrupule de gagner un *francescone* pour ne rien faire de bon. A peine la fouille avait-elle mis en lumière quelques fragments de vases fictiles, sans aucune valeur :

— Faut-il s'arrêter ou continuer ? demanda le pâtre, en essuyant la sueur de son front.

— Continuez, continuez, dit Thomas Gloose; et il donna la pièce d'argent, que le pâtre reçut, cette fois, avec une répugnance marquée, au risque de désobliger son bienfaiteur.

Deux nouvelles visites ne furent pas beaucoup plus heureuses ; cependant, à travers quelques débris informes, Gloose recueillit, avec une véritable joie, une médaille fort rare et précieuse : c'était un grand-bronze à l'effigie de Didius Julianus, qui se fit nommer empereur, comme on sait, en donnant vingt-cinq mille sesterces à chaque prétorien. Les médailles de Didius Julianus sont rares, parce qu'on ne lui donna pas le temps d'en frapper beaucoup, sa nomination scandaleuse ayant fait surgir avec lui trois autres empereurs, Sévère en Illyrie, Niger en Orient, Albinus dans les Gaules. L'Empire avait alors quatre souverains.

Avant-hier, samedi, Thomas Gloose descendit dans la fouille, et fit la question ordinaire : *Che nuovo?* Le pâtre secoua la tête, et désigna du doigt une balayure grisâtre, fraîchement extraite d'un boyau souterrain.

Gloose ôta ses gants et fit le triage. Il trouva d'abord une médaille de Sévère, frappée à l'occasion de la victoire qu'il remporta à Issus, sur son compétiteur Niger; quelques monnaies byzantines, et enfin un grand-bronze, presque tout voilé de rouille, mais qui laissait encore distinguer ces lettres triomphantes :

OTH. IMP. PONT.....

Thomas Gloose poussa un cri de joie, contre l'usage des Anglais, et se retint violemment pour s'empêcher d'embrasser le pâtre. L'Othon grand-bronze était trouvé.

— J'ai promis, je tiendrai, dit Thomas Gloose, en serrant la main du pâtre. Voici ma carte; viens chez moi à Rome, aujourd'hui. Le prix de la découverte t'attend.

— Que signifie cela? — dit le berger, en ouvrant des yeux démesurément fendus par la stupéfaction.

— Cela signifie que tu es riche, à dater de ce moment. Viens chercher ta récompense, rue Sainte-Marie-des-Fleurs.

Le fait suivit la parole avant la nuit. Le pâtre recula d'abord devant les cinquante mille écus romains, reliés en *bank-notes*; mais le fier Anglais le menaça, le *Diario* à la main, de le dénoncer au cardinal Sanaglia, comme ayant insulté la Grande-Bretagne, par le refus d'un salaire légitimement dû; et le pâtre fut bien forcé de s'enrichir.

Hier, au coup de l'*Angelus*, Thomas Gloose est venu triomphalement montrer son Othon grand-bronze à notre majordome, qui est le prince de la science numismatique. J'assistai à cette entrevue. Le majordome a pris la médaille, et la faisant glisser entre le pouce et l'index, il a dit en souriant :

— Monsieur, vous avez reçu l'aumône d'un faux monnoyeur de l'empereur Othon.

— Impossible! impossible! s'est écrié Thomas Gloose.

Et il a raconté toute l'histoire du pâtre et de la fouille de la tour de Néron.

— La comédie a été bien jouée, lui a dit le majordome, c'est toujours en semaine sainte qu'on trouve des médailles rares pour les Anglais, parce que la police a tant d'occupations avec les cent mille étrangers qui nous arrivent, qu'elle néglige, aux environs, l'inspection des fouilles suspectes. Je connais votre vieux pâtre; c'est un jeune homme, natif de Sienne, et qui a fait de brillantes études à Bologne. Votre cocher est son ami intime; ils n'en sont pas tous deux à leur coup d'essai; mais, cette fois, ils ont travaillé en grand.... Regardez, monsieur Gloose; ce vert-de-gris est une peinture toute fraîche, cette rouille est une pâte; vous allez voir disparaître tout cela sous mon ongle... Tenez, il n'y a plus rien. C'était un beau travail de faussaire. On a inventé une préparation métallurgique qui force le bronze à vieillir de quinze siècles en quinze minutes. Votre Othon grand-bronze était un rouleau de baïoques le mois dernier.

— Comment donc! s'écria l'Anglais, ce vieux pâtre si vertueux.

— Ce vieux pâtre si vertueux, poursuivit le majordome, est en ce moment à bord de quelque paquebot de Civita-Vecchia, où la police romaine ne peut l'atteindre. C'est un malheur, consolez-vous.

L'Anglais a fait tout de suite des démarches pour découvrir le faussaire. Tout a été inutile. Le majordome avait raison sur tous les points. Le cocher avait disparu depuis la veille. Il était donc évidemment le complice du faux Tityre de la tour de Néron. »

Après cette anecdote, nous engageâmes un entretien sur les médailles, et je fus fort étonné de l'érudition de Mateo.

— Je suis, me dit-il, un enthousiaste modéré de la science numismatique; je n'ai de véritable admiration que pour une seule médaille frappée sous Aurélien, et qui renferme l'histoire du monde.

— Je serais fort curieux de la voir, dis-je à Matco, pourriez-vous me la montrer?

— Je veux bien ; puisque vous vous êtes arrêté dans la galerie des *monumenta*, vous méritez de voir la médaille d'Aurélien; celle-là n'est pas de la fausse monnaie ! Suivez-moi. Avant la fin du jour je vous la montrerai.

J'avais pris un goût infini à ces commérages de portiers romains, et j'étais prêt à suivre Mateo.

## VI

— L'autre histoire que j'ai à vous dire, ajouta Matéo, est encore plus triste. Mais il est bon que les hommes la sachent et la méditent, afin d'être prémunis contre les tentations du démon de l'orgueil.

Ces paroles du vieux Romain me faisaient

réfléchir. Il me semblait que tout dans Rome confond l'orgueil de l'homme; et pour chercher des leçons, on n'a dans cette ville qu'à ouvrir les yeux et tendre la main.

— Puisque vous vous arrêtez dans les galeries où sont les *monuments des premiers chrétiens*, vous avez dû visiter Rome dans ses ruines, imposantes encore malgré les dévastations des barbares modernes. Vous avez vu ces cirques immenses qui ont à peine sauvé quelques noms de l'oubli, et ces temples sans nombre élevés à des dieux dont les savants eux-mêmes ont oublié la nomenclature. Eh bien! l'orgueil de ceux qui élevaient tant de monuments n'était qu'une puérilité à côté de celui dont je vais vous parler.

Ayant dit, Mateo se recueillit un instant; puis il reprit en ces termes :

## LE COMTE DE BOLSENA.

Il fut un moment, dans la vie de l'Europe, où l'homme ne douta de rien. On venait de découvrir une puissance dans un grain de salpêtre et de charbon. La science s'avançait dans le chemin du ciel, le télescope à la main :

la boussole avait été trouvée, avec ses utiles et mystérieux secrets. Un jour, sur les places publiques de Gênes, de Venise, de Florence, une nouvelle tomba, auprès de laquelle toutes les nouvelles que la renommée a publiées depuis ne sont que des contes d'enfants : on annonça qu'un monde avait été découvert par un Italien; un monde avec une nature toute colossale, avec des arbres, des hommes, des animaux inconnus. Il est difficile d'apprécier aujourd'hui l'ébranlement qui fut donné aux imaginations italiennes par ces révélations inattendues. Tous les esprits étaient en délire; les jours fabuleux des Titans semblaient vouloir se faire historiques; on allait escalader les cieux; on cherchait Ossa et Pélion. Dieu se mettait à la portée des intelligences; il n'y avait plus de secrets dans la machine de l'univers. Les alchimistes arrivaient avec leur explication : on avait enfin le mot de cette énigme qui retentit dans les vents, dans les bois, dans les mers : on avait pris Dieu sur le fait.

Ce fut une époque d'orgueil, de folie, d'athéisme et de débauches. La foi même du clergé romain en fut ébranlée : c'était peu de Luther et Calvin ; voilà que le télescope donnait raison à Galilée et à Copernic. Copernic avait écrit : « Si nous avions des instruments, nous verrions les phases de Vénus comme celles de la lune. » L'illustre astronome, après avoir écrit cette vérité, n'avait pas eu le courage de la soutenir : il publia son livre et mourut le lendemain, pour s'éviter des embarras et des persécutions. Les instruments ayant été découverts, on aperçut les phases de Vénus, l'anneau de Saturne, les satellites des planètes, plus ou moins nombreuses, selon leur éloignement du soleil. Tout cela semblait porter atteinte à quelques passages des livres saints qui n'avaient pas prévu Galilée et Copernic. L'Amérique arrivait ensuite pour tourmenter le premier chapitre de la Genèse. Les uns s'alarmaient de la révolution inévitable que ces choses allaient soulever dans les idées : le plus grand nombre se laissa maîtriser par le démon de la superbe, se souciant fort peu que les portes de l'enfer prévalussent contre le Vatican, et trouvant, au contraire, dans ce désordre intellectuel du moment, une excitation de plus à mener joyeuse vie; fermant l'oreille aux terreurs du démon, puisque l'enfer était mis en problème par la découverte de l'Amérique, et qu'après tout, s'il existait, on saurait bien découvrir un secret d'alchimiste pour éteindre ses flammes, ou y vivre à l'aise éternellement.

Les hommes oisifs et opulents qui s'entretenaient des merveilles qu'ils avaient vues, ou que leurs pères leur avaient racontées, se persuadèrent aisément que le monde était sur la voie d'une ère nouvelle, et que chaque jour devait enfanter son prodige. Les plus exaltés ne doutèrent point que, de découvertes en découvertes, on arriverait nécessairement à quelque chose de mieux que l'extinction des flammes de l'enfer, c'est-à-dire à l'immortalité du corps. Ils se disaient qu'à coup sûr la nature avait un secret qui devait à jamais abolir la mort sur la terre, et que tous les efforts de la science et de l'imagination devaient tendre à lui arracher son secret, bien plus important que l'invention de l'Amérique, de l'anneau de Saturne et de la poudre à canon. On organisa donc des plans pour tuer la mort.

Un comte de Bolsena qui jouissait d'immenses revenus, et qui se désolait à l'idée de les perdre en mourant, se mit à la tête d'une société clandestine qui ne cherchait pas la pierre philosophale, mais l'immortalité. Cette secte se réunissait dans un château de la grande île du lac de Bolsena. Cette résidence est aujourd'hui détruite, ou du moins il n'en reste que les ruines. L'île des adeptes se révèle encore au voyageur des Apennins, lorsqu'il a laissé à sa droite le village de *San-Lorenzo-Nuovo*, et qu'il découvre le magnifique lac de Bolsena, autrefois cratère d'un volcan.

Le comte de Bolsena, l'allié d'Americo-Vespucci, s'était promis, lui aussi, de faire une découverte plus utile à l'humanité que la conquête d'un monde nouveau. Il était dans la force de l'âge, et il était presque certain de ne pas être surpris en traître par la mort, avant d'avoir trouvé le secret de lui échapper. Les adeptes se réunissaient sur le lac, sous sa présidence, toutes les fois que l'un d'eux avait une communication à faire à la société. On écoutait gravement ; on discutait sur le procédé d'immortalité trouvé par l'adepte ; on ne se livrait aux expériences que sur l'avis unanime qu'il y avait chance de réussir. Alors on prenait un vieillard agonisant, on lui imposait le remède de la vie éternelle, et le vieillard mourait le lendemain.

La société ne se décourageait pas. Après la mort du vieillard, on constatait unanimement que l'expérience était mauvaise et le procédé vicieux. Cela étant admis, on recommençait à se plonger dans les calculs; on étudiait les simples, on en exprimait des sucs, on combinait les poisons et les plantes alimentaires, afin de neutraliser le principe de mort par la vigueur de l'élément de vie : on cueillait la ciguë avec la main gauche, la droite sur le dos, par un sombre clair de lune du mois de mars; on prononçait tout bas le mot ineffable, le mot qui brûle le papier lorsqu'on l'écrit, ou la lèvre qui le laisse échapper ; on chantait en chœur le verset du Psalmiste : *In te, Domine, speravi, non confundar in æternum*, mais à rebours, en remontant du dernier mot au premier; horrible sacrilége qui réjouit l'enfer et met le démon à la disposition de l'homme, dans les hautes combinaisons magiques. On épuisait la science de la nécromancie. Les adeptes dépérissaient à vue d'œil, brûlés par la flamme des veilles ; ils mouraient avec des regrets inconnus aux autres hommes, parce qu'ils pensaient qu'une heure d'existence de plus les eût initiés, peut-être, au grand arcane qui devait donner à leurs heureux confrères des corps immortels.

Pour combler le vide de ses rangs dégarnis, la société se recrutait de nouveaux membres ; mais elle n'admettait dans dans son sein que des hommes énergiquement organisés, et dont l'indomptable courage avait triomphé des formidables épreuves de la réception. La société ne voulait pas donner asile dans son sein à des lâches qui se seraient fait de l'initiation un rempart assuré contre la mort ; elle ne donnait le titre d'adeptes qu'à ceux qu'elle avait jugés dignes de l'immortalité par le mépris qu'ils témoignaient de la vie. Aux solennelles épreuves, le cœur faillissait souvent au plus brave : le récipiendaire était introduit, les yeux bandés, dans des souterrains sur lesquels mugissaient les vagues du lac de Bolsena : il entendait des bruits, des voix, des murmures, des gémissements, qui ne lui rappelaient rien de connu ; l'eau du lac suintait à travers le mince plafond, et l'inondait bientôt d'une pluie glacée, comme s'il eût été roulé par un torrent ; il entendait mugir sur sa tête la roue d'un moulin, suspendue sur l'écume d'un gouffre, avec des bruits de ferrailles et de battants rouillés d'une large écluse emportée par la violence des eaux. Si le récipiendaire criait *merci*, deux bras vigoureux le saisissaient ; on lui faisait boire un narcotique, et à son réveil, il se trouvait, seul, bien loin de Bolsena, sur une crête sauvage des Apennins. La cérémonie de l'initiation n'était pas toujours la même. On disposait l'épreuve d'après le caractère connu de l'adepte futur. Quelquefois on le plaçait, par une nuit sombre, sur le piédestal naturel de granit qui dominait la haute cascade de Righi. Recommandation expresse lui était charitablement faite de ne pas avancer d'un pouce, quelque chose qu'il entendît. Une forte écluse contenait dans son lit supérieur les eaux calmes de la cataracte. Au signal donné, l'écluse s'ouvrait, et le profond silence de la nuit était soudainement brisé par le fracas épouvantable des ondes qui tombaient à pic dans le gouffre. Un de ces malheureux éprouvés, oubliant la recommandation, bondit de terreur sur l'étroit piédestal et roula jusqu'au fond de l'abime.

On lui fit des funérailles magnifiques, et il fut reçu adepte de l'immortalité après sa mort : le diplôme posthume fut déposé dans son tombeau.

Un jour, dans la salle des séances, entra un adepte qui jouissait d'une grande considération. On le nommait le Viterbois. La société comptait beaucoup sur lui pour le succès de l'œuvre. Il n'avait encore rien inventé, mais on affirmait qu'il n'était pas homme à donner quelque chose au hasard, et que sa première expérience serait un triomphe. Son apparition excita un grand intérêt cette fois, parce qu'il était nu, et qu'il portait à la saignée du bras gauche un ruban rouge ponceau. Un adepte, qui entrait ainsi dans le lieu ordinaire des séances solennelles, avait une importante communication à faire à la société. Un grand silence se fit. L'adepte détacha son ruban rouge, et le président lui accorda la parole.

Le secret de la vie était enfin trouvé: aux premières phrases de l'orateur, la société applaudit d'enthousiasme : dès ce moment c'en était fait de la mort, elle n'existait plus; l'adepte de Viterbe avait mis le pied sur le spectre hideux. Malheureusement l'inventeur de l'immortalité demandait douze ou quinze ans pour faire jouir ses confrères du triomphe de sa découverte. Les uns répondirent que lorsqu'il s'agsisait d'éternité, il ne fallait pas s'arrêter à si peu de chose ; d'autres firent observer qu'il était fâcheux que le bénéfice de la découverte fût perdu pour les adeptes qui mourraient avant le jour de l'expérience. On répondit à ceux-là que la société s'engageait à découvrir un mode de résurrection applicable aux confrères ensevelis dans ces quinze ans. Le plus difficicile étant obtenu, le reste était un jeu.

La société résolut de s'armer de patience; on décida que les recommandations de l'adepte viterbois seraient suivies exactement, et que, dès ce jour, tout confrère était dispensé de songer à de nouvelles expériences, puisque le procédé nouveau avait toutes les garanties de réussite que le scepticisme le plus méticuleux pouvait exiger.

D'abord, l'adepte viterbois avait demandé une petite fille de trois ans et un garçon de quatre, tous deux aussi beaux que peuvent l'être des enfants de cet âge. Les adeptes étaient puissants et riches, et vivaient dans un pays placé en dehors de toute domination. Ils trouvèrent sans peine les enfants demandés. On les enleva clandestinement dans la campagne de Bolsena. C'était la première condition du succès. La petite fille reçut le nom de *Vita*, le garçon celui de *Raggio*, rayon. Ils furent enfermés séparément dans deux jardins clos de hautes murailles, mais remplis d'agréments, et dans lesquels on avait eu soin de ménager tout ce qui peut contribuer au développement du corps et à la santé. C'étaient deux prisons délicieuses, avec des pelouses vertes, de beaux massifs d'orangers, des bassins d'eaux vives : le paradis terrestre n'avait rien de mieux.

Les adeptes s'engagèrent par serment, toujours d'après l'injonction du Viterbois, de veiller, chacun à leur tour, sur Vita et Raggio. Ce service de surveillance fut régulièrement organisé. Il s'agissait d'épier tous les mouvements des enfants, sans jamais se montrer à eux, et de déposer leur nourriture sur un lieu apparent, la nuit, pendant leur sommeil. Chaque soir, les surveillants de garde devaient faire leur rapport au président de la société.

Vita et Raggio étaient plus jeunes encore que le Viterbois ne l'exigeait; ils avaient cet âge qui n'apporte à l'avenir aucune image du passé; leur vie n'était pas commencée lorsqu'ils entrèrent dans le jardin qui devait si longtemps leur servir de prison. En avançant en âge, leurs souvenirs devaient s'arrêter à ces pelouses sur lesquelles ils essayèrent leurs premiers pas. Ces deux êtres n'avaient donc point appartenu au monde, ils n'avaient vu que des arbres, des fleurs, des oiseaux, et jamais un visage humain. Les gardiens qui épiaient tous les mouvements, faisaient une étude curieuse de l'espèce humaine. Vita et Raggio, séparés l'un de l'autre par une haute muraille, s'essayaient à la vie par des habitudes, des mouvements à peu près identiques; on aurait cru quelquefois qu'ils se copiaient, comme s'ils avaient pu se voir. Ils se réveillaient aux mêmes heures ; ils jouaient sur la pelouse, imitaient le chant des oiseaux, se plongeaient dans le bassin, dont la fraîcheur matinale les faisait frissonner et rire aux éclats. Puis ils mangeaient gaîment les provisions du jour, sans avoir l'air de s'inquiéter de l'invisible providence qui apprêtait leurs festins ; rarement on les surprenait dans une attitude méditative. Lorsqu'une teinte sombre tombait sur leurs calmes et gais visages, ils ne tardaient pas de s'étendre sur le gazon et de s'endormir. Le besoin de sommeil les rendait rêveurs et mélancoliques. Ils regardaient souvent le soleil à midi d'un œil fixe ; ils lui souriaient comme au seul ami qui les visitait dans leur solitude, et lui chantaient en reconnaissance l'hymne harmonieux que leur avaient appris les alouettes et les rossignols.

L'adepte de Viterbe habitait un château dans le voisinage de Monterosi : il venait régulièrement, tous les sept jours, à l'île de Bolsena, pour lire les rapports des gardiens et observer lui-même, par la secrète lucarne, les progrès des deux enfants. Le jour de cette visite, les adeptes se réunissaient ; on entourait le Viterbois, on le pressait de questions. Lui, conservait un calme imperturbable, et répondait à ses confrères en termes d'oracles.

Quelques vieillards, intéressés à une prochaine solution de l'expérience, ayant demandé à l'inventeur s'il n'était pas possible de l'avancer de quelques années, le Viterbois répondit :

« Le cep de Monterosi a bourgeonné à la lune nouvelle; laissez jaunir le pampre et cueillir la grappe encore trois fois; le cep de Monterosi aime le bitume qui vient du lac de Vico; le lac de Vico est l'œil vitré par où regardent ceux qui habitent les lieux profonds. Il faut porter l'eau du torrent de la Paglia aux vendanges de Vico. Le torrent est à sec; laissez tomber les pluies sur les maremmes. Nos enfants sont beaux; Vita, ma fille, est dorée comme l'étoile Ibis quand elle se lève sur le cône sombre de Radicoffani; Raggio, mon fils, est brun, comme notre premier père. Laissez bourgeonner trois fois le cep de Monterosi. »

Il n'y avait rien à répondre à ces paroles ; on s'inclinait de respect, chacun les admirait dans son cœur, et les vieillards se résignaient ; il en mourut deux avant que le cep de Monterosi eût bourgeonné trois fois. On écrivit sur leur tombeau : *Dormiunt et expectant*.

Trois ans après, à la saison des vendanges, au coup de minuit, un homme sonnait la cloche du pèlerin à la porte du château du comte de Bolsena : c'était l'adepte de Viterbe. Le comte l'attendait ; il courut au-devant de lui, et l'introduisit dans la grande salle. Les deux adeptes s'assirent sur le balcon.

Le château de Bolsena est aujourd'hui en ruines ; mais on peut juger encore de son ancienne beauté et de son admirable position.

Il était flanqué de hautes tours et ceint de murs comme une citadelle. Il s'élevait sur le point culminant du bourg de Bolsena, dominait la magnifique campagne qu'un horizon circulaire de montagnes étreint de toutes parts ; et du balcon du château l'œil embrassait la vaste étendue du lac, les îles et les bois d'oliviers qui le couronnent. Aujourd'hui, une tour est seule debout; et du milieu des décombres amoncelés pendent des touffes de saxifrages et des rameaux de figuiers.

Le comte de Bolsena, plein de respect, comme tous les adeptes, pour la haute science du Viterbois, n'osait l'interroger ; il attendait en silence la première de ses paroles, pour la recueillir pieusement.

— La vendange est faite sur les coteaux de

Monterosi, dit le Viterbois ; comment se portent mes enfants ?

— Ils jouissent d'une santé merveilleuse, répondit le comte.

— La lune se lève pâle et largement échancrée sur les chênes de San-Lorenzo. L'île du Mystère semble flotter sur le lac comme une tombe de marbre noir ; c'est l'heure où mes enfants dorment. La nuit est bonne ; nous aurons un beau soleil demain. Les adeptes sont-ils prévenus ?

— Oui, frère. Mes domestiques ont couru à cheval sur tous les rayons.

—C'est bien. Les enfants de la veuve se réjouiront, le mystère va s'accomplir. Entendez-vous ces plaintes qui courent sur les grèves du lac? c'est la Mort qui se plaint, parce qu'elle sait qu'elle va mourir.

Les deux adeptes gardèrent quelque temps un morne silence pour écouter les plaintes de la Mort. Le vent du lac pleurait dans les figuiers sauvages et les tamarins.

— Frère de Bolsena, dit l'homme de Viterbe, la barque sera-t-elle prête avant le jour ?

— Avant l'aube.

— Oh! bien avant l'aube. Il faut veiller, et nous garder du sommeil. A cette heure, la Mort, qui se voit perdue, cueille tous les pavots du cimetière, et les secoue sur nos yeux. J'ai entendu un éclat de rire et des craquements de squelette; j'ai vu l'ombre d'une faux sur cette muraille; frère de Bolsena, nous sommes obsédés de piéges; c'est moi qui vous le dis : tenons nos yeux fixes, et ne succombons pas à la tentation du sommeil.

Les deux adeptes se secouèrent vivement pour ne pas s'endormir.

— Frère de Bolsena, poursuivit le Viterbois. Que ferez-vous de la vie, quand vous en aurez une éternité dans votre corps?

— Je prendrai pour maîtresse la blonde Virgilia, et je la rendrai immortelle, comme moi.

— Après?

— Après... je voyagerai.

— Où?

— Partout.

— Après?

— Je me retirerai dans mon château de Bolsena ; j'aurai des maîtresses ; je boirai du vin de ma vigne de Montefiascone ; je conterai mes voyages à mes amis.

— Après?

— Je recommencerai.

— Et quand vous aurez recommencé?

— Eh bien! je verrai, je réfléchirai...

— C'est qu'une éternité est bien longue, frère de Bolsena. Me promettez-vous de ne jamais chercher un autre secret pour retrouver la mort?

— Oh! certainement, je vous le promets; je vous le jure par notre société.

— C'est bien.

— Et vous, frère de Viterbe, comment comptez-vous employer votre temps d'éternité?

Le frère mystérieux se leva; ses yeux noirs étincelèrent; son front se sillonna de rides verticales; il étendit la main gauche vers l'île du Mystère, et il dit d'une voix solennelle : Moïse conduisit les Hébreux à la terre promise;

et il mourut avant d'y entrer. Moïse avait péché; c'était bien. Il faut toujours qu'un libérateur se sacrifie pour le salut de ses enfants... Après une pause, il ajouta : celui qui se sert du glaive doit périr par le glaive ; cela est écrit.

Le comte de Bolsena, impie, libertin et ignorant, ne comprit rien à ces citations, il se contenta de s'incliner.

A l'heure convenue, les deux illuminés montèrent sur leur barque, et le vent de terre les poussa vers l'île en fort peu de temps. De plusieurs points opposés du rivage, d'autres barques avaient amené les adeptes. Ils se réunirent tous dans la salle commune, où le plus grand silence régnait. La nuit était encore obscure. Le frère de Viterbe, après s'être assuré que le jeune Raggio dormait dans la cabane de son jardin, fit enlever sans bruit la cloison masquée, qui avait été pratiquée au bas du mur qui séparait les deux jardins. Cette opération terminée, ordre fut donné de garder le silence, et d'attendre le jour.

Vita entrait dans sa quinzième année; Raggio ne comptait que deux ans de plus. Mais la vie naturelle qu'ils menaient avait développé si heureusement leurs corps, qu'ils paraissaient plus robustes qu'on ne l'est ordinairement à cet âge. C'étaient véritablement deux êtres d'exception.

Ils se réveillèrent aux chants des oiseaux, selon leur usage; chaque jardin n'était pas fort étendu, ils s'aperçurent presque simultanément qu'une brèche avait été pratiquée au mur. Cela les fit rire aux éclats; puis, tout-à-coup, ils s'effrayèrent de cette nouveauté. Raggio, plus hardi, s'avança lentement, et avec précaution, vers l'ouverture, et regarda dans l'autre jardin. La jeune fille poussa un cri d'effroi devant cette apparition : Raggio resta immobile, les yeux fixés sur Vita.

Le mot curiosité n'a pas un assez énergique synonyme qui puisse peindre le sentiment qui bouleversa ces deux êtres, l'un à l'autre ainsi révélés. Ils prononçaient des mots qui ne correspondent à aucune langue humaine, mais qui, pour eux, étaient la traduction d'une idée. Ils restaient à leur place, n'osant avancer d'un pas, de peur de faire envoler comme un oiseau, et sans retour, cette figure dont la vue leur causait tant de joie, de terreur, d'étonnement, de plaisir. Le jeune homme essaya d'entrer en conversation, en fredonnant de ces airs qu'il avait appris à l'école des fauvettes ; la jeune fille lui répondit sur le même ton, et ils durent reconnaître en ce moment qu'ils appartenaient à la même espèce d'êtres, malgré quelques différences bien évidentes de leurs individus. Ils se sourirent alors mutuellement ; et cette grâce souveraine, que le sourire répand sur les jeunes visages, agissait à leur insu, et les rapprocha. Raggio franchit, avec une grande délicatesse de mouvements, l'ouverture du mur mitoyen, et il posa le pied sur le domaine de Vita. A cet instant, son ouïe, son odorat, ses yeux, fonctionnaient ensemble avec une merveilleuse excitation ; c'était comme la subtile bête fauve qui change de cage, et juge, par tous ses sens, de la sécurité de sa nouvelle prison. La jeune fille recula quelques pas timidement : Raggio lui tendit la main, la fascina de son sourire continuel, de ses doux regards ; il chantait aussi, et jamais le rossignol ne fit résonner d'une plus tendre mélodie les hauts peupliers de Bolsena. Un petit ruisseau les séparait; Raggio allait le franchir d'un pas; et la jeune fille, par un instinct indéfinissable, voyant Raggio si près d'elle, s'enveloppa de sa longue chevelure noire comme d'un vêtement; la rougeur colora, pour la première fois, ses joues d'un brun doré.

Les adeptes étaient demeurés dans la salle commune. Le Viterbois et le comte de Bolsena assistaient seuls, par la lucarne de l'observatoire, à cette première scène, et ne perdaient pas un geste, un mouvement, une pose de Raggio et de Vita.

— La voyez-vous, monÈve? dit le Viterbois; elle est innocente et elle se voile; la faute de sa mère lui a légué la pudeur.

— Mais où donc a-t-elle lu l'histoire d'Ève ? dit Bolsena.

— La nature lui a mis cette histoire dans le cœur; Vita l'a lue en dormant. Oh! les livres saints sont si vrais! si Ève n'eût pas succombé, ses fils ne seraient pas morts. Il faut retrouver le sang de notre première mère, et nous vivrons.

Le comte s'inclina, comme après toutes les énigmes du Viterbois.

Raggio avait franchi le ruisseau; une de ses mains était dans la main de Vita, et de l'autre il écartait le voile de cheveux qui couvrait la figure et le sein de la jeune fille. Vita riait et n'opposait qu'une faible résistance. Ils avaient bien des choses à dire ; mais ils ne tiraient de leurs poitrines que des sons inarticulés ou des roulades de rossignols. Vita, la première, eut une idée; et à la joie qui rayonna sur son visage, on s'apercevait qu'elle était ravie d'avoir trouvé quelque chose qui n'était pas un sentiment d'impossible communication. Elle entraîna Raggio, avec un mouvement de tête qui signifiait : *Viens*, et le conduisit au buffet de verdure, où l'on déposait ses aliments pendant la nuit; elle lui fit signe d'en manger : Raggio ne fit point de façons et mangea. La jeune fille bondit de joie, battit des mains, chanta des gammes de fauvette, en voyant Raggio qui mangeait comme elle. Ils s'assirent côte à côte, et prirent joyeusement leur repas du matin. Jamais les deux sauvages n'avaient fait un meilleur déjeuner. Après s'être désaltérés à la fontaine, ils se jetèrent à la nage dans le bassin, et folâtrèrent comme des tritons.

— L'heure du mystère va sonner, dit le

Viterbois d'une voix sourde ; le mystère va s'accomplir. Dites au frère servant d'apporter le broc de vin de Monterosi, et ma coupe de plomb.

L'ordre transmis fut exécuté à l'instant. Le comte de Bolsena regarda son frère de Viterbe ; en ce moment l'adepte fanatique paraissait agité de crises nerveuses ; ses lèvres étaient convulsives ; le râle sortait de sa poitrine il ressemblait à l'agonisant que le délire met en face d'une épouvantaple vision.

Raggio et Vita, sortis du bassin, couraient ensemble sur la pelouse, comme deux enfants. Vita, légère comme l'oiseau, ne s'arrêtait que pour cueillir une fleur, qu'elle liait dans un nœud de sa chevelure, et se montrait, ainsi parée, à Raggio, plus triomphante avec sa fleur, qu'une coquette avec une touffe de rubis. Raggio avait cessé subitement de la poursuivre à travers le labyrinthe des arbres du jardin ; la gaîté du jeune homme avait fait place à de mélancoliques expressions de regard. Il contemplait Vita ; puis il se recueillait en lui-même, comme pour se rappeler, dans un passé qui n'existait pas, de vagues et mystérieux souvenirs qui ne venaient sans doute que de ses rêves. Il éprouvait un irrésistible entraînement qui le poussait vers la jeune fille, et pourtant un sentiment contraire le retenait malgré lui. Vita s'approchait alors, et divisant sur son front ses cheveux humides, laissant tomber sa tête sur une de ses épaules, et roucoulant des gammes amoureuses, elle semblait lui dire : Eh bien ! est-ce que tu es fâché ? Raggio, la joue en feu, la poitrine haletante, les yeux mouillés de larmes, en proie à des sensations inconnues, prenait les mains de la jeune fille, et semblait lui demander pardon de ne plus se montrer à elle tel qu'aux premiers instants de leur entrevue ; ils ne se comprenaient pas ; ils échangeaient des signes et des sons, qui n'ont de valeur qu'après les longues habitudes de la vie commune. Mais, en eux, se développait, avec une prodigieuse rapidité, une passion qui n'a pas besoin de langue pour se faire intelligente ; Raggio, surtout, avait oublié son jardin, ses fleurs chéries, ses oiseaux amis ; il considérait Vita avec une attention muette, et ses lèvres frissonnaient. Vita prit un air sérieux et se troubla ; des larmes coulèrent sur ses joues : c'était la première fois que Raggio voyait couler des larmes, et cette vue le fit pleurer aussi. Un instinct inexprimable poussa les lèvres de Raggio vers ce visage de femme, comme pour cueillir ces perles brillantes qui argentaient cette figure déjà tant aimée; ses jambes faiblirent, parce que tout son sang refluait à sa tête; il se laissa tomber langoureusement sur le lit de gazon; Vita poussa un cri, et s'assit brusquement à côté de lui; on aurait dit qu'alarmée de son état, elle lui offrait ses consolations. Des paroles inintelligibles, mais qui tiraient un sens clair de la circonstance, s'échangèrent entre ces amants de la nature. Vita n'avait plus de larmes sur ses joues, et Raggio ne pleurait plus.

— L'heure terrible sonne, dit le Viterbois; frère de Bolsena, prenez ce papier, vous le lirez après ma mort.

Le comte s'inclina.

L'adepte de Viterbe ouvrit aussitôt une porte

secrète, entra furtivement dans le jardin, et tirant de sa ceinture un long poignard, il en frappa trois fois Vita et Raggio.

Puis il se frappa courageusement lui-même, et tomba mort sur le gazon.

Tous les adeptes accoururent sur le lieu de la catastrophe, en manifestant beaucoup de surprise, mais aucune pitié: le fanatisme ne connaît pas la pitié. Les regards étaient tournés vers le comte de Bolsena, qui avait reçu les dernières confidences du Viterbois.

— Frères, dit le comte, écoutez la lecture du billet que notre glorieux adepte martyr vient de me remettre avant de mourir. Ce papier est le diplôme de notre immortalité à tous. Écoutez :

« Mêlez quelques gouttes du sang de Vita et de Raggio au vin versé dans ma coupe de plomb, et buvez tous, en disant: *Immortalité*. »

L'horrible libation fut faite à la ronde. Ce fut un jour d'orgie, et une nuit de délirants excès. On but à Satan, on insulta Dieu, on maudit les anges. Les vieillards se montrèrent plus insolents que les jeunes adeptes, tant était grande leur joie de ressaisir la vie à ses derniers jours. Jamais plus éclatante folie ne traversa le monde ; car s'il est quelque chose qui puisse atténuer l'horreur de pareilles atrocités, c'est que la raison des adeptes était aliénée, et que l'île de Bolsena ne comptait que des fous et des fanatiques furieux. Ils s'étaient endormis, triomphants, ivres d'orgueil et d'immortalité, ils se réveillèrent avec toutes les joies de la veille ; le monde leur appartenait. Avant de se séparer, les adeptes résolurent de se réunir une dernière fois, afin d'adopter, en commun, un plan de vie immortelle, dans une solennelle délibération. Le doyen de la société devait présider la réunion suprême ; les adeptes prirent place sur leurs siéges ; on attendait le président ; il ne paraissait pas ; il avait sans doute prolongé son sommeil ; on ouvrit les rideaux de son alcôve : il était mort.

## VIII.

— Avant de vous montrer cette magnifique médaille, permettez-moi encore, nous dit Mateo, une petite digression, mais qui se rattache entièrement à ce que je veux vous faire voir.

Nous nous inclinâmes, comme pour dire à Mateo que nous étions toujours disposés à l'écouter.

Le vieillard se recueillit un instant. On eût dit qu'il cherchait à bien assurer ses souvenirs avant d'entreprendre un nouveau récit, puis il reprit la parole en ces termes :

A ma première visite au Panthéon romain, je fus étonné de voir un monument si étroit, bâti pour une destination si large. Rome, ville de tolérance universelle, et déjà fort riche en dieux, en déesses, en demi-dieux et en demi-déesses, voulait, dit-on, accorder encore l'hospitalité à tous les membres des autres familles théogoniques, et dès que ses généraux rencontraient un dieu nouveau chez une nation vaincue, ils le prenaient et l'envoyaient à la Ville. Or, si nous admettons le raisonnement établi jusqu'à cette heure, l'étroit Panthéon n'aurait pu suffire à cette collection innombrable de divinités païennes ; une hôtellerie grande comme Saint-Pierre du Vatican n'aurait même pas suffi ; il y aurait eu encombrement pour les dieux d'Égypte, pays qui a exagéré l'idolâtrie, ce qu'un poète railleur a fort bien exprimé dans ce vers :

> O sanctas gentes quorum nascuntur in hortis
> Numina !...

Frappé de cette idée qui me présentait le Panthéon sous un point de vue nouveau, je fis le dénombrement approximatif des dieux indigènes, *di patrii indigetes*, comme dit Virgile, et des dieux exotiques, logés au Panthéon, d'après la tradition admise ; les dieux d'Égypte, de Cappadoce, du Pont, de Syrie, de

Perse, d'Assyrie, des Mèdes, de la Pannonie, des Gades, des Pictes, des Thraces, des Scythes, de l'Arménie, des Cimbres, des Gètes, des Massagètes, des Parthes, des Germains, des Gaulois, des Ibères, enfin de tous les peuples idolâtres vaincus par les Romains, 753 ans après la fondation de Rome et la première année de la 195$^e$ olympiade, c'est-à-dire au moment présumé où l'architecte d'Agrippa bâtit le Panthéon. Ce calcul m'épouvanta. Rome hospitalière ayant l'habitude de faire toujours grandement les choses, surtout lorsqu'il s'agissait des dieux, je ne comprenais pas que tant de statues divines aient pu trouver une niche dans cette charmante rotonde du Panthéon ; c'est comme si on me disait que tous les étrangers venus à Rome pour les fêtes de la Semaine-Sainte, ont été logés en masse dans une des petites maisons étroites de la *Via dei Coronari*.

En examinant l'intérieur de ce temple, on y reconnaît la possibilité d'y loger tout au plus huit faux dieux, d'après le petit nombre de *sacelles* ou autels votifs, encadrés par deux superbes colonnes monolithes. Rien dans le reste de l'édifice n'annonce la place vacante d'un piédestal : or, la ville de Rome étant trop généreuse pour loger des dieux sur le pavé, ou les représenter en bustes économiques, ou les désigner par leurs noms de famille sur les marbres du mur, il m'a été démontré, jusqu'à preuve du contraire, que le Panthéon n'avait jamais été l'hôtellerie et le temple de tous les dieux. Du premier coup ceci va paraître un paradoxe archéologique ou une insulte aux racines grecques, mais tout n'est pas fini là; raisonnons jusqu'au bout ; je veux aller beaucoup plus loin.

*L'aube de Bethléem blanchissait*, en ce moment, *le front de Rome*, comme dit un grand poète, et la ville d'Auguste obéissait, sans le savoir, à une inspiration nouvelle qui ne venait plus de l'Olympe. Les voix sibyllines étaient partout éteintes ; Rome la guerrière avait brisé sa lance; le temple de Janus, toujours ouvert, venait de se fermer pour un demi-siècle! Virgile s'écriait : *un ordre nouveau commence !* le mot *dieu* commençait à s'employer dans une acception inconnue; *deus* avait presque perdu son pluriel ; les bergers de Tibur disaient, comme allaient bientôt le dire les bergers de Nazareth : *un dieu nous a fait ce repos : oh! celui-là est vraiment un dieu !* une morale divine descendait sur les lèvres païennes et en tirait des sons inouïs ; les poètes, enfants de Scipion et de Marius, condamnaient les horreurs de la guerre ; Horace s'écriait : *Où courez-vous, citoyens? Quò ruitis, cives?* Virgile disait avec mélancolie, à propos des guerres civiles toutes récentes : *Voilà donc où la discorde a conduit les malheureux citoyens! En quò discordia cives perduxit miseros!* les poètes, fils de Caton d'Utique et du dernier Brutus, flétrissaient le suicide, genre de mort jusqu'alors honoré : *Oh! comme ils voudraient* (les suicidés) *maintenant remonter des enfers sur la terre et y souffrir même la dure pauvreté et les durs travaux!*

Quàm vellent æthere in alto<br>
Duram pauperiem, et duros perferre labores!

Une sérénité radieuse descendait du mont

Soracte, et courait sur des lignes infinies d'arcs de triomphe pacifiques, qui étaient les aqueducs des eaux saintes, présent de Dieu; partout, sur les chantiers, la pierre prenait, sous le ciseau, des formes pures comme les strophes des poètes; une langue merveilleuse se créait, avec le portique d'Octavie, langue pleine de suavité, onctueuse comme le miel de l'Hybla, et le peuple, écho de ses poètes, parlait au Forum cette harmonie angélique, qui annonçait déjà l'hymne de minuit, entonné sur la pauvre étable de Bethléem; Virgile enfin exprimait toutes les larmes de son cœur, et, s'adressant à quelque vision de sainte et mystérieuse maternité. *Petit enfant*, disait-il, *commence à reconnaître ta mère par un sourire!*

Incipe, parve puer, risu cognoscere matrem !

Partout l'élément olympien disparaissait, et une *grande voix, vox ingens*, venue du Vatican, passait le Tibre, et annonçait au champ de Mars qu'une chose sainte se levait à l'horizon d'Orient.

Eh bien! il est inadmissible que Rome ait choisi un moment pareil pour élever un temple à tous les dieux. L'admirable temple du Panthéon, c'est Virgile traduit en pierres sublimes, et Virgile ne croyait qu'à un seul Dieu; son ami Horace traitait déjà l'Olympe comme une vieillerie fabuleuse, *fabulæ manes*, et Horace était bien moins pieusement rêveur que Virgile. L'architecte du Panthéon, poète inconnu, mais immense, avait eu, sans doute, au Palatin, de divins entretiens avec le poète des *Géorgiques*; l'oreille qui les a entendus a a été bien heureuse, car jamais deux génies plus grands n'ont été accordés à la terre par le ciel, et ne sont venus plus directement du souffle de Dieu! Et ces deux hommes, ou ces deux anges, auraient associé leurs pensées et leur poésie célestes pour bâtir un temple à cette horde d'impossibles divinités, qu'on appelait tous les dieux ! Non, cela n'est pas; cela n'a jamais été! Le mot *Panthéon* a été tronqué ou dénaturé dans son orthographe primitive; c'est le temple du *dieu tout* que bâtirent, quelques heures avant Jésus-Christ, le poëte et l'architecte chrétiens; c'est le temple du seul Dieu; son architecture annonce l'unité sublime de sa destination, et l'œil de la voûte, qui seul l'éclaire, n'est pas une idée de l'Olympe, c'est une pensée du ciel. Aussi Michel-Ange ne s'y est pas trompé : lorsque ce grand architecte rêvait la basilique vaticane, il prit le Panthéon, il en fit la coupole de son œuvre, et le rendit à Dieu, en le suspendant à 400 pieds au-dessus du cirque de Néron.

Pour les hommes éclairés de ce siècle d'Auguste, le plus beau siècle de tous les âges, leur dieu Pan, gardien de brebis, *custos ovium*; Pan qui inventa le chalumeau,

> Pan primus calamos cera conjungere plures
> Instituit...

Pan ne pouvait pas être la personnification de l'être invisible, âme du monde, créateur de l'univers. Virgile, Horace et Ovide, ces trois immenses et incomparables esprits, qui s'amusaient avec les fables et n'en croyaient pas un mot, ne regardaient point, à coup sûr, comme le *dieu tout*, ce Pan écervelé qui poursuivait la nymphe Syrinx à travers les roseaux, ces grands hommes avaient foi dans une divinité plus sérieuse; leur véritable Pan était celui dont parlent même les historiens profanes, et dont le nom retentit et fut entendu dans la plus formidable des nuits, celle qui suivit le vendredi saint : *Le grand Pan est mort!* cri lamentable que Virgile semble encore avoir prédit, lorsqu'il nous parle, en frissonnant, de cette grande voix qui épouvanta le silence des forêts, *per lucos exaudita silentes*; la même voix qui donnait la terreur *panique* aux plus intrépides Romains, car elle sortait d'une bouche et d'une poitrine inconnues aux oreilles humaines; et cette voix, à coup sûr, n'était pas celle du dieu Faune Arcadien, qui jouait de la flûte, éloignait du troupeau les loups ravisseurs, et folâtrait avec les naïades dans les bois de l'Érymanthe ou sur les rives du Sperchius.

Il est possible toutefois que le sage empereur Auguste, en sa qualité de souverain pontife, ait permis de croire aux bourgeois de son temps, *profanum vulgus*, que le Panthéon était consacré à tous les dieux, même à ces *dieux abominables*, dont parle un de vos écrivains, *qu'on aurait punis sur la terre comme de vils scélérats ;* il nous suffit de constater la pensée évidente qui a dû présider à l'inauguration de ce temple, le temple du *dieu tout* ; cette pensée sublime étant d'ailleurs l'expression de tout ce qu'il y avait de grand au monde, quand se leva l'aube chrétienne de Bethléem, et quand Virgile, abandonnant les frivolités des *muses siciliennes,* s'écriait : *Chantons des choses plus sérieuses, voici venir un ordre nouveau !*

Un demi-siècle écoulé, lorsque toutes les voix divines des poètes se furent éteintes, lorsque cette harmonie céleste qui flottait sur les lèvres romaines se fut corrompue sous l'atmosphère grossière, *aere crasso*, apportée par trois millions de Barbares, tous emprisonnés dans l'enceinte aurélienne ; lorsque les premiers Pères de l'Église eurent emporté au fond des cryptes la dernière flamme de Vesta baptisée, le dernier écho de Tibur, la dernière feuille du laurier virgilien, cueillie sur la tombe du Pausilippe, Dieu permit que le paganisme reprît toute sa vigueur pristine pour donner plus de gloire à ces pauvres pêcheurs du lac de Génésareth, venus le bâton à la main, *alte cincti*, avec l'idée de renverser la louve par la croix sur la cime du mont Capitolin. Alors le Panthéon a dû peut-être devenir le temple hospitalier de tous les dieux du monde, mais toujours dans une acception purement symbolique, car son étroite enceinte ne s'était pas élargie : il n'y avait toujours que huit niches, et un neuvième dieu eût été forcé d'aller se loger en garni dans le voisinage ou au bourg de *Tres Tabernæ*, dont parle Horace.

Rome, d'ailleurs, à cette époque, était encombrée de temples, et quand de nouveaux dieux, debarqués au môle d'Ostie, arrivaient à l'humide porte Capène, *humidamque Capenam*, il se trouvait certes de la place pour les loger tous bien à l'aise. On leur distribuait sans doute des billets de garnison, comme on fait aujourd'hui pour les soldats, quand les casernes sont encombrées : à défaut du Panthéon qui n'avait jamais été bâti pour eux, et qui ne pouvait les recevoir, on trouvait au champ de Mars, et sur les sept collines, des temples, des basiliques, et même des cirques, où les statues des dieux se mêlaient aux obélisques sur le marbre de l'*épine, spina;* je citerai de mémoire seulement, et au vol de la parole, la basilique d'Antonin, voisine du Panthéon ; le temple d'Octavie ; le cirque de Titus au sommet du Quirinal; les temples de Minerve, de Junon Lucine, la basilique de Licinius ; le temple de Vénus-et-Rome, le temple de Mars, le temple de la Concorde, les temples de Jupiter Capitolin, de Jupiter Tonnant, de Jupiter Stator, et d'Antonin et Faustine, dans l'enceinte seule du Forum.

Puis, entre le Palatin et l'Aventin, le grand cirque, *circus maximus,* qui contenait 300,000 spectateurs, et dont la *spina* démesurée soutenait douze obélisques, et deux cents statues de dieux, y compris Isis et Osiris, engloutis en 79, à Pompéïa, et toujours très-vénérés à Rome, en leur qualité d'Égyptiens. Sur le mont Aventin, le portique de Fabarius et les temples de Diane, de Junon Reine et de la Liberté. Au bord du Tibre, non loin du *Quadrifrons*, les temples de la Fortune Virile et de Vesta, et sur la voie Appienne, les temples de Rémus et de Romulus, le cirque de Romulus; et, dans la campagne voisine qui s'étend de la pyramide de Sextius au tombeau de Metella, une foule de petits temples tétrastyles, et de cirques de banlieues, dédiés à une foule de dieux subalternes, afin que Rome ne trouvât pas un dieu jaloux et vexé d'un oubli dans tous les olympes possibles et dans toutes les théogonies de l'univers connu et inconnu.

Après cette nomenclature incomplète encore, que devient la destination du Panthéon ? Puis, arrive un empereur qui prend au sérieux la souveraineté de son pontificat, et qui se met à voyager pour recueillir des dieux au passage et les envoyer à Rome : c'est nommer l'empereur Adrien. Son voyage dure sept ans ; il fouille la Sicile et la Grèce ; il expédie sur des galères, à Ostie, des cargaisons de dieux et de déesses, récoltés dans les temples de Pœstum, de Ségeste, d'Agrigente, de Syracuse, et sous les gigantesques colonnades de la basilique de Jupiter Olympien, nommée par quelques-uns *Temple des Géants*.

Adrien aborde ensuite en Égypte : là, sa première pensée est de créer lui-même un nouveau dieu ; il déifie donc Antinoüs, et l'envoie à Rome, sous plusieurs exemplaires, Antinoüs Grec, Antinoüs Égyptien, Antinoüs

Hercule : son Dieu fait, il remonte le Nil, visite Thèbes, la ville d'Hermès, la presqu'île de Meroë, berceau des gymnosophistes, Elephantine, Philæ, ramassant des obélisques renversés par Cambyse, des sphinx défigurés par les soldats perses, et une collection infinie d'Iris, d'Anubis, d'Apis, d'Osiris, d'Hermès, de Typhons, d'Osimandias, tous mis en ballots, sous l'étiquette *Dieux*, et expédiés à Tarente, à Brindes, à Ostie, à Anxur. Pendant sept ans, on voyait presque chaque jour arriver, par la voie Appienne, une file de chariots volsques, apportant des colis de dieux moissonnés par Adrien. L'édile chargé de recevoir ces dieux ne savait plus où les loger ; mille Panthéons n'auraient pas suffi. Heureusement, pour seconder les intentions du pourvoyeur impérial, on eut l'idée de créer cette *villa Adriani*, que les Barbares de Théodoric ont changée en sépulcre, et qui a été enrichie de tant de statues, qu'elle n'a pas été encore épuisée dans ses trésors par douze siècles d'exhumations. La *villa Adriani* est toujours un monde souterrain rempli de surprises, un olympe enseveli. Le véritable Panthéon est là.

Une dernière preuve vient à mon appui ; elle se trouve, j'en suis certain, dans l'*Histoire de la ville de Vienne*, par Trebonius Rufinus, duumvir de cette ville et sénateur romain. Cet écrivain, traduit dans votre langue par M. Mermet, nous dit qu'après la mort de Jules César, un *temple magnifique fut élevé à tous les dieux dans la ville de Vienne, sur la rive droite de la Gère, au pied du mont Sospolium*. On peut, ajoute Rufinus, *le comparer, à cause de sa des-*

*tination, au Capitole de Rome, car il renferme les statues de tous les dieux.*

C'était donc sur le Capitole et non dans un temple du champ de Mars que Rome avait réuni tous les dieux. Rufinus le savait mieux que nous. Le Panthéon a été élevé, en apparence, à Jupiter Vengeur, dont la statue ornait une des sacelles ; les autres étaient destinées aux grands dieux olympiens. L'inscription du monument ne contrarie pas ce système ; elle est ainsi conçue : *Agrippa, fils de Lucius, consul pour la troisième fois, a bâti ce temple.* Rien de plus. Il y a dans ce laconisme un *sous-entendu*

AGRIPPA. L. F. CONS. TERTIUM FECIT.

A coup sûr le *deo ignoto* est là-dessous, mais

ce n'est pas le *deo ignoto* des sceptiques du Forum.

Après toutes les preuves matérielles qui me démontrent que le Panthéon a été élevé à la gloire d'un seul Dieu, et sous l'inspiration d'une idée virgilienne, qui flottait sur Rome quand Jésus-Christ était au berceau, *infans vagiens in cunis*, j'ai encore en réserve une idée morale, supérieure, à mon gré, parce que l'esprit vivifiant est toujours supérieur à la lettre morte. En 1627, lorsque les Allemands et les Espagnols réunis prirent Rome d'assaut, ils se partagèrent la besogne de la destruction ; les Espagnols, qui étaient catholiques, ravagèrent les monuments païens, et les Allemands, qui depuis dix ans avaient embrassé la réforme luthérienne, ravagèrent les monuments catholiques. Ce fut un spectacle édifiant. Tous les monuments du champ de Mars s'écroulèrent sous les coups de cette collaboration impie; la basilique d'Antonin le Pieux ne conserva que les onze colonnes de son péristyle.

Le Panthéon seul fut respecté comme par miracle, et aujourd'hui encore, quand nous entrons dans ce temple deux fois saint, nous croyons voir un édifice bâti la veille; rien, dans son intérieur splendide, n'annonce la vétusté; on dirait que le ciel, qui le regarde par le cercle ouvert de la voûte, infuse une jeunesse éternelle à ce temple, dont la destinée fut d'être chrétienne avant la parole venue de Nazareth.

— Voilà ce que je tenais à vous dire, ajouta Matéo, calmant le feu de son regard et de sa parole.

Il est bon d'épancher ainsi quelquefois les pensées qu'on a longtemps amassées dans le cœur.

Maintenant, suivez-moi.

## IX.

Sur l'invitation de Mateo, nous quittâmes le frais et charmant petit jardin du vieux concierge et nous montâmes à la coupole de la basilique. Lorsqu'on arrive à ce sommet, on peut se croire debout sur la pointe d'un aérostat qui a jeté l'ancre dans les airs.

— Voici la médaille dont je vous ai parlé, me dit Mateo; la plus précieuse qui existe au monde, et celle-là ne pourra jamais être enfermée sous verre dans le cabinet d'un amateur d'antiques chefs-d'œuvre; regardez : elle est sous nos pieds; Aurélien lui donna un cordon de vingt-deux lieues de circonférence, et l'a frappée à l'effigie du soleil. Quand les rois perdent un trône, ils montent sur cette coupole et en descendent consolés. Il n'y a pas de philosophie plus éloquente que cette ville muette qui s'arrondit devant nous.

Le concierge et Mateo prirent une pose de contemplation séraphique, comme s'ils avaient vu ce tableau pour la première fois.

Je respectai leur silence, et muni de tous

les souvenirs de l'histoire, je voyageais du haut des nues sur ce monde, qui est une vieille cité.

Les deux plus grands monuments qui soient au monde, servent, pour ainsi dire, de belvédère à deux villes d'un intérêt bien différent; et je m'étonne que ce rapprochement si curieux n'ait jamais été fait. Lorsqu'on regarde Londres du haut de la basilique de Saint-Paul, on éprouve un vague sentiment de tristesse, fort difficile à expliquer; car le tableau sur lequel on plane, au vol de l'aigle, semble la plus magnifique expression matérielle du génie humain civilisé. A gauche, on a sous ses pieds le méandre de la Tamise, où flottent les escadres des deux Indes; les immenses docks, arsenaux des escadres de l'univers; le flux et le reflux des paquebots qui ont épuisé à leur baptême tous les noms de la fable et de l'histoire; les ponts du fleuve avec leurs arches cyclopéennes; un faubourg immense, qui se lie avec Greenwich, par le trait-d'union du rail-way, et dont chaque maison est un labyrinthe où l'industrie agite des milliers de roues et de bras. A droite, on découvre les vastes colonnades des monuments du commerce, cette Palmyre de la banque et de l'agiotage; vis-à-vis, les lignes démesurées de *Lugate-Hill*, de *Fleet-Street*, du *Strand*, qui se prolongent jusqu'à l'horizon de *Kensington-Garden*, en déployant, sur leurs ailes, d'immenses campagnes urbaines qui sont des jardins publics, et dont les arbres se confondent avec une forêt de clochers, d'obélisques et de tours. Malheureusement le ciel a refusé la grâce d'un sourire à cette cité : les deux brouillards du fleuve et de l'industrie l'enveloppent comme un voile de deuil, et versent la tristesse au cœur des hommes, à la pierre des monuments.

Du haut de la basilique de Saint-Pierre, sœur aînée de Saint-Paul de Londres, on ne voit que l'immense tombeau de toutes les grandes gloires éteintes ; que l'écueil où toutes les hautes fortunes se sont brisées, au souffle de la colère de Dieu ; et rien pourtant ne serre le cœur dans cette contemplation. Devant cet autre tableau, on savoure cette mélancolie charmante qui est la volupté de l'esprit.

Une fois lancé sur ce terrain de comparaison historique, mon esprit évoqua tous les fantômes du passé. Mateo avait raison : Il n'y pas de médaille au monde qui parle aussi éloquemment que l'effigie de Romevue du haut de la coupole de Saint-Pierre. Rome a vu toutes les histoires et résumé tous les enseignements. Elle a pour les voyageurs de toute nation des pierres dont le souvenir a toujours des analogies frappantes avec d'autres souvenirs plus récents.

Ainsi, malgré moi, quand j'eus pensé à Londres et à Saint-Paul, voyant Rome sous mes pieds, ma pensée se reporta sur la France, et dans mes réflexions je me disais :

Il y a de systématiques écrivains qui s'obstinent à découvrir de perpétuelles analogies entre les histoires de France et d'Angleterre, parce qu'on y rencontre, en effet, quelques points de départ communs. Certes, personne n'admire plus que moi cette grande nation voisine qui a remué l'Océan, peuplé les îles désertes, fécondé le Bengale, découvert la cinquième partie du globe et réveillé l'Inde, endormie depuis Aureng-Zeb; mais cette large part faite à l'admiration, et si j'en crois mes observations personnelles recueillies dans des voyages nombreux chez nos voisins, je trouve entre les caractères, les mœurs, les goûts, les vocations des deux peuples une différence si profonde, que leurs deux histoires politiques, après avoir voyagé ensemble, doivent arriver à un divorce très-prochain. Le détroit moral qui nous sépare de l'Angleterre est beaucoup plus large que la Manche, croyons-le bien. Les Français, avec les grâces de leur esprit, la vivacité de leur caractère, leurs instincts d'égalité civique, leur haine contre les ennuis du parlementarisme et les tyrannies trop nombreuses, intronisées au nom de la liberté; leur passion pour les plaisirs, les spectacles et les arts, domaine où ils règnent en maîtres; les Français ne peuvent se comparer qu'aux Romains du siècle d'Auguste; et si notre histoire a copié notre voisine, depuis le coup de hache de Charles I*er*, il y a lieu de croire que nous avons copié suffisamment l'autre côté du détroit. Il faut chercher des analogies ailleurs, et beaucoup plus haut.

L'idée chrétienne qui avait posé la première pierre du Panthéon de Rome et cette croix lumineuse qui semblait, comme le *labarum*, éclairer déjà la cime du monument d'Auguste, changèrent tout-à-coup les mœurs politiques et les instincts païens de Rome. Ainsi, bientôt le Forum, qui avait tour à tour glorifié, dans ses statues, les héros des guerres civiles, érigea une statue à Auguste avec cette inscription :

*Pour avoir rétabli, après de longues guerres civiles, la paix sur terre et sur mer.*

On sent s'exhaler, dans ces mots si simples, le premier souffle d'un peuple qui respire ; c'est l'*Alleluia* chrétien du paganisme ; c'est le *Deus nobis hæc otia fecit* gravé sur un stylobate, dans le Forum apaisé. Rome s'épanouit et ne donne pas un regret à cette liberté toujours compromise par ses amants, pas un regret à ces tribuns populaires qui commençaient la bataille par la parole, à la tribune, et la terminaient toujours par le fer dans les carrefours. Le bon sens de l'antique Latium rentrait au cœur des fils d'Évandre ; on s'était demandé si Dieu nous avait donné notre courte vie pour nous faire entendre des discours sur la liberté tous les matins et nous faire mener des funérailles civiles tous les soirs; on s'était demandé si les femmes, les vieillards, les enfants avaient assez souffert du tumulte des villes, du fracas des armes, des ouragans populaires, des cris de mort en traversant les guerres sociales jusqu'à la bataille d'Actium ; et quand le peuple romain, après les expériences de Marius, de Sylla, de Pompée, de Brutus et d'Antoine, fut bien convaincu que les mêmes causes amèneraient invariablement les mêmes effets; que la liberté toujours violée par ses adorateurs, était la tyrannie de tous contre tous; que les hauts meneurs, sauf de rares exceptions, avaient des intérêts de convoitise et jamais des opinions, alors ce peuple se précipita dans les bras d'Auguste et lui décerna l'apothéose au Forum, sur les débris des statues de Pompée, de Marius et de Sylla. Cette logique d'un grand peuple ne pouvait avoir tort.

D'où venait cet enthousiasme subit du peuple romain pour Auguste? Certes, le jeune César n'avait pas conquis les Gaules en dix ans, comme le grand Jules ; l'auréole de cent victoires n'illuminait pas son front, et à peine âgé de vingt ans, lorsqu'il partit pour l'armée, on ne pouvait attribuer à son génie, ni le gain des deux batailles de Philippes, ni le succès d'Actium. Le peuple ne vit dans Auguste que l'héritier de César, la victime des patriciens et l'idole du peuple et de l'armée. On ne lui demanda rien de plus ; on savait que le généreux sang de Jules coulait dans les veines d'Auguste, et que l'héritage tombait en de dignes mains.

Auguste n'avait pas même dans son extérieur ces formes superbes et dominatrices qui en imposent au vulgaire, et lui font croire souvent que le génie se manifeste par un re-regard de foudre, une parole véhémente, un geste animé, une démarche hautaine, une taille de géant; Suétone nous en donne un portrait fort remarquable au point de vue actuel. *Auguste, dit-il, est de taille moyenne et fort bien fait; il a les cheveux tirant sur le blond, le nez aquilin, le teint brun. Il est dans la force de l'âge, quarante-deux ans; sa voix est douce, et soit qu'il parle ou qu'il garde le silence, son visage est naturellement tranquille et serein.*

Auguste, en arrivant au pouvoir, donna tout de suite une haute idée de la protection qu'il voulait accorder aux beaux-arts, en faisant terminer la galerie du palais impérial, ce Louvre romain, connu sous le nom de palais des Césars. Le ministre Agrippa, délivré des soucis politiques, seconda merveilleusement les nobles idées de l'empereur, et confia les grandes peintures murales au célèbre artiste Ludius, qui excellait dans l'art de détremper les couleurs et de les enduire de cire punique liquéfiée au feu. Les murs que la fresque n'avait pas illustrés se décorèrent de tableaux grecs et romains ; on vint y admirer surtout la *Bataille de Messala*, le *Festin de Bénévent*, la *Prise de Carthage*, œuvres d'affranchis ; les tableaux grecs, apportés de Syracuse par Marcellus, ceux que Mummius avait conquis à Corinthe, le *Bacchus* qui ornait le temple de Cérès sur le Palatin ; la *Faiseuse de couronnes*, de Pausias, qui décorait la villa de Lucullus ; les *Argonautes*, de Cydias, que l'orateur Hortensius vendit à César; un *Ajax disputant les Armes d'Achille*, payé par Jules César 30 talents attiques ; un *Ajax* et une *Vénus*, deux chefs-d'œuvre qui comblèrent de gloire Parrhasius, leur peintre, et qui furent payés 300,000 deniers (200,000 fr.) par la munificence de l'empereur.

Pour nous faire une juste idée de l'enthousiasme que le peuple romain fit éclater devant toutes ces merveilles d'exhibition, opérées par la volonté absolue d'Auguste, il faut chercher des exemples dans des faits analogues plus rapprochés de nous.

Ainsi, lorsque Cimabuë, après la prise de Constantinople, montra aux Italiens sa première madone, aujourd'hui exposée dans la chapelle des Rucellaï, à *Santa-Maria-Novella* de Florence, tout ce peuple artiste s'insurgea

d'enthousiasme et accompagna la sainte image
à travers les campagnes, en la couvrant de
toutes les fleurs de l'Arno. Sous Auguste, le
peuple romain avait au plus haut degré ce
goût des arts qu'il doit à son soleil et à ses
horizons; ce fut pour lui l'ouverture d'une
fête perpétuelle, lorsqu'il vit naître ce musée
des chefs-d'œuvre grecs et romains, ce palais
de prodiges créé par la main de l'empereur.
Le concours de la multitude était immense au
Forum, devant le Palatin. Cette fois, on n'y
venait plus pour lire le journal au *tabularium*
et apprendre si la guerre sociale se faisait
menaçante ; si le rival de Marius, après la
victoire d'Orchomène, marchait sur Rome
avec une liste de proscription; si Catilina et
Manlius se retranchaient dans les gorges de
l'Étrurie, *in fauces Etruriæ* ; on venait assister

aux victoires des arts et saluer d'un immense cri d'amour cet empereur qui créait un monde et un siècle nouveaux et changeait cette Rome d'argile en Rome de marbre, après s'être affranchi du contrôle mesquin des questeurs, des débats municipaux des édiles et des criailleries parlementaires des tribuns. Personne ne songeait à se retirer sur le mont Aventin, et lorsque les commerçants de Rome, réunis, pour leurs affaires quotidiennes, devant l'arc des Orfèvres, bourse de la ville, regardaient la cime du mont Sacré par-dessus la rotonde de Vesta, ils disaient : « O malheureux pères, qui avez engraissé de votre sang la terre de l'Aventin ! vos fils, plus favorisés que vous, ont compris que ce beau ciel italien, cette lumière splendide, ce doux horizon du Soracte, ne sont pas des conseillers de guerre civile, et que Dieu ne les a faits que pour les tendresses de l'amour, les joies de la famille, le chant des hymnes divins et le triomphe pacifique des arts.

En même temps, Rome changeait de face ; la région Palatine avait donné l'exemple de la rénovation monumentale; les autres régions se couvrirent de chantiers. Le ciseau et la truelle s'agitèrent sur tous les points; la ville républicaine disparut sous la ville impériale; à peine, disait-on, il reste encore quelques vestiges incultes, *manent vertigia ruris*, au pied du Quirinal, près de la fontaine où coule l'*eau vierge*, dans ce quartier qui disparut plus tard. Les mœurs et la langue s'épurèrent aussi dans cette rénovation de Rome de marbre. Tout le limon et le gravier déposés au fond de la latinité vieille par les disputes des rhéteurs, les plaideurs de la curie et les oraisons des tribuns loquaces remontèrent à la surface et disparurent aux feux dissolvants du soleil de Tibur.

Virgile écouta les murmures des ondes de l'Anio, les hymnes des nuits sereines, la mélodie des pins de la colline, le concert des cascatelles, les voix expirantes des sibylles de Tibur; et de toutes ces harmonies divines, il créa une langue inconnue, digne dès lèvres des anges, et qui n'a honoré qu'un seul instant la bouche des hommes. Tous les jours, Horace et Virgile passaient sur la voie Sacrée, *via Sacra, sicut meus est mos*, et le peuple se pressait autour de ces deux maîtres, et apprenait d'eux cette langue de la paix, cette langue descendue du ciel.

Les jeunes gens des hautes classes, ceux

même qui avaient suivi leurs pères à Pharsale, créèrent une école péripatéticienne au portique d'Octavie; et sous la magnifique colonnade bâtie par l'empereur, devant la bibliothèque octavienne, ils allaient tous les jours s'entretenir de la nature des choses, des mystères de l'âme et de l'unité de Dieu.

Le soir, l'empereur descendait du Palatin, et, traversant le pont du Capitole, il entrait au théâtre de Marcellus, avec Mécènes et Agrippa; là se trouvaient, avant lui, les habitués du portique d'Octavie, et dans les loges supérieures, *altæ præcinctiones*, une foule de spectateurs suburbains, ou de la région transtévérine. On jouait un chef-d'œuvre de Sophocle ou d'Euripide, *OEdipe*, *Prométhée*, ou *la Fatalité d'Oreste*, ces impérissables monuments de la pensée humaine, ces édifices de Titans poëtes, ces divines leçons données à l'orgueil ou à la faiblesse de l'homme, après la Bible qui semblait avoir tout dit à l'humanité.

Quel siècle ! quel monde ! quelle histoire ! Faites triompher Brutus à la bataille de Philippes, et tout cela est à jamais perdu ! Brutus vainqueur se bat avec Cassius le lendemain, chose inévitable. Les guerres civiles se perpétuent, le principe généreux mais stérile de ces deux aristocrates républicains rentre à Rome avec les tribuns, les sophistes et les rhéteurs. Il n'y a plus de siècle d'Auguste ; Virgile, Horace, Ovide, meurent sans avoir chanté ; les sculpteurs, les peintres, les architectes, toutes les gloires de ce règne merveilleux restent ensevelies sous les couches de l'horizon romain, et attendent pour se lever un azur qui ne se montre pas. Rome a gagné quelques théories sociales de plus, mais elle a perdu ce siècle qui sera l'éternel honneur et la consolation de ce pauvre univers. Deux noms résument tout notre système : il y a eu deux Aggrippa célèbres ; le premier a prononcé un discours politique sur le mont Aventin, le second a bâti le Panthéon au champ de Mars : le discours est une fable sur *les membres et l'estomac* ; le Panthéon est une histoire éternelle de marbre, qui raconte la gloire de Dieu et des arts.

Les créations utiles marchaient de concert avec le progrès des lettres et des arts ; un immense grenier d'abondance, rempli des récoltes de la Sicile, s'élevait à la porte Colline ; des aqueducs triomphaux apportèrent l'eau pure des montagnes au Tibre jaune ; des thermes, ornés de bibliothèques et de mosaïques, s'ouvrirent gratuitement pour le peuple ; les grandes routes rayonnèrent de la métropole sur toute l'Italie ; la voie Flaminia traversa les Apennins, jusqu'aux limites de l'Étrurie, et la voie Appia se pava de quartiers de roches, et, partie du *Milliarium aureum*, élevé sur le Capitole, elle traversait la campagne jusqu'à *Tres Tabernæ*, où elle bifurquait pour courir vers les ports de Brindes et d'Anxur. Mais le plus bel ornement de cette voie Appienne, que des historiens ont nommée *via Ferrea*, était la ligne de tombeaux qui vint la border, depuis la pyramide de Caïus Sextus jusqu'à la rotonde funèbre de Metella. Piranèse a reconstruit par le burin cette voie tumulaire, et un cri de surprise s'échappe de notre bouche en contemplant cette série d'édifices mortuaires qui annoncent qu'un peuple est arrivé à l'apogée de la civilisation quand il accorde aux morts de si somptueuses demeures, et qu'il les aligne, comme leçon religieuse, sur les joyeuses promenades des vivants. Les quadriges, les litières, les cavaliers, les beaux du portique d'Octavie, peuplaient et animaient ce grand sillon de la nécropole romaine, et toujours les choses graves venaient se mêler aux entretiens de tant d'hommes heureux. La vie côtoyait toujours la tombe, pour s'essayer chaque jour à la mort, et le stoïcisme annonçait l'Évangile qui se levait à l'horizon.

Voilà, ce me semble, me disais-je, une époque qui peut offrir à la nôtre de curieuses analogies qu'on chercherait en vain du côté de l'Angleterre; mais, si j'en crois mes pressentiments, voici, pour compléter ce tableau de similitudes, une chose bien digne de remarque. Bientôt l'aigle de Napoléon déploiera ses ailes sur le drapeau de France au Capitole romain. Notre vexillaire alors, comme il y a quelques années à peine, se tiendra debout devant le palais des conservateurs, la statue colossale du Tibre, et les trophées de Marius. Comment nommez-vous cet empereur à cheval, ce noble Romain qui regarde l'aigle de France? C'est un Antonin.

Elle est là cette superbe statue équestre pour nous rassurer contre les éventualités d'un lointain avenir, car elle nous prouve que le siècle des Césars n'a pas épuisé les trésors de la Providence, et qu'après les Césars naissent les Antonins.

## X.

Ces réflexions que me suggérait la vue de Rome à vol d'oiseau, m'avaient distrait un instant de Mateo et du vieux concierge, mon ami. En me retournant vers eux, je les retrouvai plongé dans la même extase.

— Veuillez bien m'excuser, dis-je à Mateo, si je vous dérange dans vos méditations; j'ai une demande à vous faire, et qui m'est inspirée par le moment...

— Demandez, me dit Mateo.

— Avez-vous jamais entendu dire qu'un homme au désespoir se soit précipité du haut de ce dôme de Saint-Pierre?

— Jamais, monsieur, dit Mateo.

— Jamais, dit le concierge; je puis le garantir mieux que Mateo, moi, qui connais l'histoire de ce dôme, depuis que Michel-Ange l'a bâti. Est-ce que ce genre de suicide est pratiqué dans vos pays du nord?

— Malheureusement, oui; souvent les hommes, poussés par l'abominable idée de se débarrasser de la vie, montent sur le dôme de Saint-Paul, par exemple, et ne trouvant aucune consolation à leurs souffrances, dans tout ce qu'ils voient au-dessous d'eux, ils se tuent en se précipitant.

— Ce serait impossible ici, me dit le concierge. Quel serait l'homme qui oserait se plaindre d'un malheur vulgaire, ici, devant cette noble ville toute couverte des cicatrices de ses bourreaux? Si la terre n'avait pas bu le sang et les larmes qui ont coulé dans Rome, il y aurait deux autres fleuves à côté du Tibre. Toutes les ruines que vous voyez, depuis le Colysée qui est à l'horizon, jusqu'au cirque de Domitien qui est sous nos pieds, attestent des violences et des malheurs inouïs. Païenne ou chrétienne, Rome a souffert un martyre qui a duré mille ans. Ce dôme est la seule chaire d'histoire qui ne mente point, car elle montre, du bout de sa croix, les innombrables squelettes de nos martyrs encore étendus au soleil.

— L'occasion est belle, dit Mateo au concierge, pour raconter à monsieur l'histoire du contessino Stephano Vitelli. Nous descendrons au coup de Vêpres.

— Cette histoire, demandai-je, a-t-elle quelque rapport avec notre conversation?

— Vous verrez, dit Mateo... C'est une histoire toute récente, dans laquelle le dôme de Saint-Pierre joue un grand rôle... Regardez, monsieur, là, sur cette rampe de fer, ces entailles faites avec la lame d'un poignard, et qui vont en diminuant...

— J'en compte neuf, lui dis-je.

— Tout juste, dit Mateo; c'est une neuvaine, et... mais ne commençons pas par la fin.

Alors il me raconta une horrible histoire, que je veux raconter à mon tour, et qui tient le premier rang dans mes souvenirs de la Sainte-Semaine à Rome. Cette histoire, d'ailleurs, comme dit Mateo, plus longue et moins gaie que celle de Thomas Gloose, a de grands rapports avec elle, et doit lui servir de pendant.

## STÉPHANO VITELLI.

Aucun voyageur n'a cité l'étrange paysage qui s'est posé lui-même entre la montagne de Viterbe et le village de Ronciglione, devant le lac de Vico. Seulement, je crois avoir découvert des réminiscences de ce singulier pays, dans quelques tableaux de Poussin, et surtout dans les *Chasseurs* de Salvator Rosa. Il y a trois noms réunis sur un seul point, et chacun de ces noms est lié à de tristes souvenirs. Ronciglione porte encore les traces d'un incendie allumé dans nos dernières guerres ; la forêt de Viterbe monte dans les nues avec sa végétation colossale de tous les arbres du Nord et du Midi, jalonnés par intervalles de croix tumulaires, qui ont enregistré la date d'un assassinat. Le lac de Vico garde, dans ses eaux, de ténébreux secrets trahis quelquefois par de hideuses dépouilles détachées de ses mornes profondeurs.

A la dernière sinuosité du versant oriental de la forêt de Viterbe, on découvre un vieux château à demi voilé par des massifs de chênes-liéges enlacés aux panaches des lentisques, et qui rappelle, par son architecture féodale, le manoir des comtes de Bolsena, aujourd'hui en état de ruines au bord du lac de ce nom, sous la montagne de *San-Lorenzo-Rovinato*.

Ces retraites féodales, isolées dans les gorges étrusques, avaient autrefois une armée de défenseurs, comme des citadelles, et l'on comprenait plus aisément qu'elles fussent habitables. On jouait au jeu de la guerre entre grands seigneurs, et cette passion ne pouvant s'exercer qu'en rase campagne, les adversaires étaient bien forcés de quitter les villes, et de vider leurs querelles entre deux châteaux. Mais aujourd'hui la *villegiatura* n'étant plus belliqueuse, il ne devrait y avoir d'habitables que les maisons de plaisance favorisées de toutes les conditions nouvelles de sécurité.

Il y a toutefois, dans certains esprits, un goût si ardent pour les retraites et les sites sauvages, que beaucoup de pauvres gentilshommes se décident sans peine à réfugier leurs ennuis dans quelque vieux manoir paternel dont la garnison moderne ne se compose plus, aujourd'hui, que d'un domestique et d'un chien.

Vers ces dernières années, le comte Stephano Vitelli s'était établi avec sa famille dans ce château isolé qui borde les eaux mélancoliques du lac de Vico.

Le meilleur moyen de peindre des personnages, c'est de les faire parler.

A la veillée du soir, le comte Stephano avait réuni sa famille autour d'une table, et ses regards pleins de tendresse, allaient de sa femme à sa fille, et de sa fille à son fils.

Une de ces lampes italiennes que l'antiquité a léguées aux nuits modernes éclairait la salle des veilles et laissait encore assez bien voir les quatre fresques peintes par Lucca-fa-Presto, et qui représentent quatre métamorphoses un peu lestes de Jupiter. En Italie, la peinture purifie tout, même les écarts juvéniles des vieilles divinités.

— Mon Urbino, mon cher fils, — disait le comte à son enfant, — te voilà un homme, tu as vingt ans. Tu sais que je n'ai d'autre héritage à te laisser que ce vieux château qui ne nous rapporte rien et une petite maison, *via ripetta*, qui ne nous rapporte pas grand'chose; ta vocation est-elle bien établie ? es-tu décidé sur le choix d'un état ?

— Je veux être peintre, mon père, — répondait Urbino, en esquissant un croquis sur un petit album ; la peinture est beaucoup plus qu'un art, c'est une profession.

— Mon ami, poursuivait le père, je crois au contraire qu'aujourd'hui la peinture est beaucoup moins qu'une profession, c'est un art. Autrefois il y avait des palais, des villas, des églises, des couvents à peindre. Ce temps est passé. Le clergé est pauvre; les rois ont beaucoup de gardes à payer; les gens riches ont toujours peur des révolutions et gardent leur argent, et ne commandent plus de fresques. Aujourd'hui, si Raphaël se présentait au palais de la *Farnesina* pour offrir sa belle galerie de l'histoire fabuleuse de Psyché, le comte Farnèse le mettrait à la porte en le traitant de fou. Heureusement la *Farnesina* est peinte; mais si elle ne l'était pas, elle ne le serait jamais.

— Je le crois, comme vous, mon père, parce que personne aujourd'hui ne se soucie plus de Psyché, et on a raison ; mais si mon glorieux maître Overbeck proposait à un riche romain de lui peindre toute l'histoire de Joseph en Égypte, il trouverait des pans de murs, et des pièces d'or à boisseaux.

— Et pourquoi, mon fils, Overbeck ne propose-t-il pas cette histoire à quelque Romain?

— Parce que mon maître Overbeck ne travaille pas pour gagner de l'or.

— Je le crois bien, il est riche comme un banquier.

— Comme un banquier pauvre, oui, mon père.

A cette saillie, la jeune Fiorina, la sœur d'Urbino, qui brodait à côté de sa mère, fit entendre un éclat de rire harmonieux et velouté comme une roulade de rossignol.

C'était une délicieuse jeune fille de dix-sept ans, avec une figure de vierge romaine, comme le type en a été popularisé dans mille tableaux. Ses cheveux noirs, bouclés avec une négligence enfantine, s'agitèrent longtemps sous cette éruption de gaîté folle, provoquée par la remarque de son frère Urbain.

— Comme elle rit de bon cœur? — dit la mère, en embrassant sa fille, avec des regards humides de joies.

Puis se retournant vers son mari, elle ajouta :

— Comte Stephano, ce sera donc là votre conversation éternelle de tous les soirs?

— Ma chère amie, dit le comte, il faut bien se disputer sur quelque chose; et puisque nous sommes d'accord sur tout le reste, je m'acharne sur notre seul point de division. Les soirées sont fort longues, ici.

— Ah! sainte Marie! dit la comtesse Vitelli avec un long soupir, est-ce qu'un enfant, à l'âge d'Urbino, peut décider le choix d'une vocation? L'avenir est à Dieu. Quand on part, sait-on jamais où l'on va! Quand je descends du perron de ce château pour aller me promener au bord du lac, je n'ai jamais pu suivre le même chemin, il y a toujours au milieu quelque arbre tombé, quelque crevasse de sol, quelque nouvel accident de terrain qui m'obligent, le lendemain, à m'écarter de ma route de la veille. Et la vie! la vie!... Vous, comte Stephano, dites-moi où étiez vous à dix-huit ans?

— Au collége de la Propagande, devant la place d'Espagne, ma chère amie.

— Et que comptiez-vous faire... vous riez?... Je vais répondre pour vous : vous comptiez suivre les missions au Coromandel. A trente ans que faisiez-vous? Vous commandiez un escadron de cavaliers de *San-Giovani*, sous les ordres de Joachim Murat.

La belle Fiorina mit sa broderie devant son visage pour cacher un léger sourire que le respect filial n'avait pu réprimer.

— Avec ces beaux raisonnements, dit le comte Stephano, savez-vous ce que deviennent les jeunes gens?

— Je sais, dit la mère, qu'ils commencent par être heureux... C'est absolument comme si je me mettais en souci, moi, de l'avenir de ma belle Fiorina ; si je lui demandais tous les soirs, voyons, ma chère enfant, quelles sont les qualités et les vertus que tu voudrais rencontrer dans le mari que tu prendras? à quelle profession donnerais-tu la préférence?...

— Ah! je vous arrête, ma chère amie, dit le comte, *je nie la similitude*, comme nous disions à la Propagande, dont vous me parliez tout-à-l'heure. Une femme subit son destin, un homme fait le sien.

— C'est Dieu qui fait tout, monsieur le comte.

Fiorina fixa son aiguille sur la broderie, et regarda le plafond, l'oreille inclinée du côté du vestibule.

Le silence se rétablit, et les trois autres personnages de cette scène regardaient la jeune fille, dont l'oreille n'était jamais en défaut.

— Je crois, dit-elle, d'une voix légèrement

émue, que j'ai entendu aboyer Pluto, et Pluto n'aboie jamais pour rien.

— Bah! dit Urbain, il aboie au clair de lune comme tous les chiens.

— Justement, il n'y a pas de clair de lune, cette nuit, monsieur, dit Fiorina, en secouant la tête d'un air moqueur.

La nuit était sombre, et le lac noir comme de l'ébène en fusion. Des plaintes sortaient de toutes les cimes des arbres, agitées par l'haleine du lac, en l'absence du vent.

— Pluto aboie toujours, dit Fiorina, et il a sa gueule tournée du côté de la forêt de Viterbe; je devine cela d'ici.

Le comte Stephano sonna son domestique Vincenzo, qui dormait au vestibule.

Vincenzo arriva, et n'ouvrit les yeux que devant son maître.

— La porte du château est-elle fermée ? lui demanda le comte.

— Comme tous les soirs, monseigneur, répondit Vincenzo ; au tomber de la nuit, je ferme les trois serrures et voilà la clé.

En ce moment, on entendit une décharge de coups de fusils, dans la direction de la forêt.

— C'est un assassinat, dit le comte Stephano.

FIN DU PREMIER VOLUME.

EN VENTE :

# LES MENDIANTS DE PARIS,

PAR

## CLÉMENCE ROBERT.

5 vol. in-8°.

Au milieu de toutes les études de mœurs dont on s'occupe en ce moment, il est une classe qu'on n'a point encore abordée; c'est pourtant la plus ancienne et la plus pittoresque de toutes, celle des *mendiants de Paris*.

Cette classe, en dehors de toute civilisation, conserve encore les traits qu'elle avait autrefois; elle s'est mêlée, dans la suite des temps, d'éléments divers, et se compose aujourd'hui de figures toutes originales, et offrant avec nos mœurs le plus étrange contraste.

Dans le livre que nous publions aujourd'hui, on trouvera les types les plus saillants et les plus bizarres de cette horde indépendante, depuis l'aveugle avec son chien, qui tend une sébile aux passants, jusqu'à la jolie petite fille qui demande l'aumône avec les sons de sa harpe; depuis le bon vieux philosophe en haillons qui a trouvé le bonheur sur la borne de la rue, jusqu'à l'être hideux et féroce qui, né pour le crime, a été contraint par l'impuissance à la mendicité. Toutes ces figures, fidèlement étudiées et retracées, ressortent dans le livre avec une exacte vérité, et cependant avec le coloris d'idéal qui les rend plus saisissantes.

Les mœurs, les usages des mendiants présentent des détails curieux et ignorés.

Mais cette étude ne se borne point au mendiant de la rue, elle suit la mendicité à tous les degrés de l'échelle.

On y voit le *mendiant à domicile*, qui prend tant de formes et invente tant de comédies, pour s'introduire dans l'intérieur des maisons, qui vient vous vendre des brochures religieuses ou des objets de piété, tels que le *Véritable portrait de Jésus-Christ* ou la *Mesure exacte du pied de la Vierge*, qui se fait passer pour un *réfugié politique* ou un *débris de la grande armée*, qui emprunte aussi l'apparence d'un *pauvre prêtre* ou d'une *bonne sœur de charité*, qui met en œuvre tant de jongleries pour venir vous extorquer une pièce de cent sous jusqu'au coin de votre feu. Puis, le *mendiant du grand monde*, qui passe sa vie dans les antichambres des ministères et des Tuileries, pour quêter quelque magnifique aumône, sous le nom d'*indemnité*, *gratification*, *encouragement*, et qui obtient, à force d'importunité, des sommes excessives, dont va se repaître son ignoble oisiveté.

Le livre ainsi conçu rappelle au lecteur des personnages qu'il a rencontrés cent fois, qui se retrouvent sans cesse sous ses yeux, et le fait songer à tous les mendiants qu'on ne peut nommer ni classer dans un livre; car le nombre de ceux qui s'abaissent en tendant la main est indéfini, et la mendicité a envahi toutes les classes dans une société cupide et éhontée.

Mais ces types, quelque curieux qu'ils soient à examiner, ne se trouvent point, dans l'ouvrage que nous publions, comme des portraits, des tableaux de genre détachés les uns des autres; ils sont étroitement liés à une action rapide, intéressante. Un drame qui se passe dans le grand monde, entraîne avec lui toutes ces figures touchantes ou grotesques. Le roman puise de la vérité et des couleurs variées dans ces personnages peints d'après nature, et chacun des mendiants, qui composent cette galerie, prend aussi plus d'importance, du rôle qu'il est appelé à jouer, en faisant voir jusqu'à quel point les êtres les plus infimes peuvent influer sur de hautes destinées.

Quant à la forme de ce livre, l'auteur y a mis les qualités qui le distinguent : un intérêt constamment soutenu, une grande couleur de détails et de style, une habile succession de scènes variées, qui toutes concourent à l'unité de l'action, des contrastes, du mouvement et de la vie.

Nous ne nous étendrons pas ici davantage sur les mérites que renferme le roman des *Mendiants de Paris*. Il y a des noms qui parlent plus haut que tous les éloges, et celui de madame Clémence Robert est de ce nombre. Écrivain habile et profond, moraliste d'une haute portée, madame Clémence Robert possède l'art d'intéresser le lecteur, de l'attacher au sort de ses personnages, de le conduire, enfin, à travers les sensations douces, tendres, douloureuses et terribles où se plaît le roman moderne. Jamais d'ailleurs, nous devons le dire, elle n'avait atteint à un si haut degré l'art de graduer les émotions, de faire grandir l'intérêt à chaque pas, et de marcher, par des sentiers mystérieux, à un dénoûment saisissant et imprévu.

Les *Mendiants de Paris*, nous en sommes convaincus d'avance, seront une nouvelle consécration du talent et de la réputation de l'auteur.

---

Coulommiers. — Imprimerie de A. Moussin.

# NOUVEAUTÉS EN VENTE

## LES CONFESSIONS DE MARION DELORME

PUBLIÉES PAR EUGÈNE DE MIRECOURT,

*Précédées d'un coup d'œil sur le siècle de Louis XIII, par Méry.*

### BALZAC.

| | |
|---|---:|
| Le Provincial à Paris | 2 vol. |
| La Femme de soixante ans | 3 vol. |
| La Lune de miel | 2 vol. |
| Petites Misères de la vie conjugale | 3 vol. |
| Modeste Mignon | 4 vol. |

### CLÉMENCE ROBERT.

| | |
|---|---:|
| Les Mendiants de Paris | 5 vol. |
| Le Tribunal secret | 4 vol. |
| Le Pauvre Diable | 2 vol. |
| Le Roi | 2 vol. |
| William Shakspeare | 2 vol. |
| Mandrin | 4 vol. |
| Le Marquis de Pombal | 4 vol. |
| La Duchesse d'York | 4 vol. |
| Les Tombeaux de Saint-Denis | 2 vol. |
| La Duchesse de Chevreuse | 2 vol. |

### EMMANUEL GONZALÈS.

| | |
|---|---:|
| Mémoires d'un Ange | 4 vol. |
| Les Frères de la Côte | 2 vol. |
| Le Livre d'Amour | 2 vol. |

### HENRY DE KOCK.

| | |
|---|---:|
| La Course aux Amours | 3 vol. |
| Lorettes et Gentilshommes | 3 vol. |
| Le Roi des Étudiants | 2 vol. |
| La Reine des Grisettes | 2 vol. |
| Les Amants de ma Maîtresse | 4 vol. |
| Berthe l'Amoureuse | 2 vol. |

### ÉLIE BERTHET.

| | |
|---|---:|
| Le Nid de Cigogne | 3 vol. |
| Le Braconnier | 2 vol. |
| La Mine d'or | 2 vol. |
| Richard le Fauconnier | 2 vol. |
| Le Pacte de Famine | 2 vol. |

### ROLAND BAUCHERY.

| | |
|---|---:|
| Les Bohémiens de Paris | 2 vol. |
| La Femme de l'Ouvrier | 3 vol. |

### Mᵐᵉ CHARLES REYBAUD.

| | |
|---|---:|
| Thérésa | 2 vol. |

### PIERRE ZACCONE.

| | |
|---|---:|
| Le Dernier Rendez-Vous | 2 vol. |

### MÉRY.

| | |
|---|---:|
| Le Transporté | 2 vol. |
| Un Mariage de Paris | 2 vol. |
| La Veuve inconsolable | 2 vol. |
| Une Conspiration au Louvre | 2 vol. |
| La Floride | 2 vol. |

### PAUL FÉVAL.

| | |
|---|---:|
| La Femme du Banquier | 4 vol. |
| Le Mendiant noir | 3 vol. |
| La Haine dans le Mariage | 2 vol. |

### MOLÉ-GENTILHOMME.

| | |
|---|---:|
| Les Demoiselles de Nesle | 7 vol. |
| Le Château de Saint-James | 4 vol. |
| Marie d'Anjou | 2 vol. |
| La Marquise d'Alpujar | 4 vol. |
| Le Rêve d'une Mariée | 2 vol. |

### AMÉDÉE ACHARD.

| | |
|---|---:|
| Roche-Blanche | 2 vol. |
| Belle Rose | 5 vol. |
| La Chasse royale | 4 vol. |

### MICHEL MASSON.

| | |
|---|---:|
| Les Enfants de l'Atelier | 4 vol. |
| Le Capitaine des trois Couronnes | 4 vol. |
| Les Incendiaires | 4 vol. |

### SAINTINE.

| | |
|---|---:|
| La Vierge de Fribourg | 4 vol. |

### LÉON GOZLAN.

| | |
|---|---:|
| La Dernière Sœur grise | 4 vol. |

### P.-L. JACOB.

| | |
|---|---:|
| Mémoires de Roquelaure | 7 vol. |

### ROGER DE BEAUVOIR.

| | |
|---|---:|
| L'Abbé de Choisy | 3 vol. |
| Mémoires de Mlle Mars | 2 vol. |

### EUGÈNE DE MIRECOURT.

| | |
|---|---:|
| Madame de Tencin | 2 vol. |
| La Famille d'Arthenay | 2 vol. |

### SAINT-MAURICE.

| | |
|---|---:|
| L'Élève de Saint-Cyr | 2 vol. |

www.ingramcontent.com/pod-product-compliance
Lightning Source LLC
Chambersburg PA
CBHW070609160426
43194CB00009B/1230